国网河南省电力公司
职工民主管理工作创新
优秀成果 V

河南省电力工会委员会　编

中国水利水电出版社
www.waterpub.com.cn
·北京·

图书在版编目（CIP）数据

国网河南省电力公司职工民主管理工作创新优秀成果
. Ⅴ / 河南省电力工会委员会编. -- 北京 ： 中国水利
水电出版社，2022.2
　ISBN 978-7-5226-0500-5

　Ⅰ. ①国… Ⅱ. ①河… Ⅲ. ①电力工业－工业企业－
民主管理－工作－汇编－河南 Ⅳ. ①F426.6

中国版本图书馆CIP数据核字(2022)第028949号

书　　名	国网河南省电力公司职工民主管理工作创新优秀成果（Ⅴ） GUOWANG HENAN SHENG DIANLI GONGSI ZHIGONG MINZHU GUANLI GONGZUO CHUANGXIN YOUXIU CHENGGUO(V)
作　　者	河南省电力工会委员会　编
出版发行	中国水利水电出版社 （北京市海淀区玉渊潭南路1号D座　100038） 网址：www. waterpub. com. cn E - mail：sales@ waterpub. com. cn 电话：(010)68367658(营销中心)
经　　售	北京科水图书销售中心(零售) 电话：(010)88383994、63202643、68545874 全国各地新华书店和相关出版物销售网点
排　　版	中国水利水电出版社微机排版中心
印　　刷	天津嘉恒印务有限公司
规　　格	170mm×240mm　16开本　8印张　119千字
版　　次	2022年2月第1版　2022年2月第1次印刷
定　　价	**58.00元**

凡购买我社图书，如有缺页、倒页、脱页的，本社营销中心负责调换

版权所有·侵权必究

本 书 编 委 会

主　任　刘昌盛

副主任　陈　军　李海星　刘　艺　孔　冰

委　员　张国伟　李　纬　罗　丰　刘　语

主　编　张国伟　李　纬　罗　丰　刘　语

参　编　戴　铮　朱　寅　张　绮　赵毅薇

2019 年，国网河南省电力公司工会以习近平新时代中国特色社会主义思想为指导，深入贯彻中国工会十七大精神，认真落实国网河南省电力公司工会三届五次全委（扩大）会议精神，以构建和谐企业、助推公司高质量发展，围绕《国家电网公司职工民主管理纲要》"双路径、三保障"和《国家电网公司"十三五"民主管理行动计划》重点工作，组织会员单位和县供电企业工会开展了职工民主管理工作创新活动。各级单位通过结合自身实际，挖掘特色亮点，突出管理创新，积极探索实践，不断完善民主管理常态机制，打造出一批创新活动优秀成果。

为巩固创新成果、激励创先争优，促进各级工会明确"两个不出事""四个百分之百"目标任务，持续发挥民主管理积极作用，团结带领广大职工全力推动"具有中国特色国际领先的能源互联网企业"战略目标落地，特编辑整理了 2019 年度创新优秀成果，供各单位学习交流、参考借鉴。

河南省电力工会委员会

2020 年 12 月

目 录

前言

新时期民主管理专项工作标准化建设的探索与实践

贾国红　徐　静　张　楠　郭军昌　王晓宁

（国网安阳供电公司工会）

一、引言

加强职工民主管理是中国特色现代国有企业制度的重要内容，对推动企业科学发展具有重要作用。近年来，国网河南省电力公司工会积极响应国家电网有限公司职工民主管理战略，始终坚持全心全意依靠职工办企业的方针，高度重视职工民主管理工作，把全面加强职工民主管理作为建设"三型两网"世界一流能源互联网企业的重要保障，紧紧围绕公司价值定位、战略目标开展职工民主管理，致力于进一步明晰将新时期职工民主管理工作内涵，在此基础上构建和实施较为完善的职工民主管理标准化建设，推动公司民主管理水平不断提升。国网河南省电力公司工会在不断完善职工民主管理常态机制的基础上，以国网安阳供电公司为试点单位，围绕公司和电网高质量发展，结合"不忘初心、牢记使命"主题教育，积极探索有效的职工民主管理途径，走出了一条创新、高效的职工民主管理专项工作标准化建设道路，增强了公司职工的民主管理理念，提高了公司的职工民主管理能力，形成亮点突出、示范引领、以点带面的良好局面，有效提升了基层单位职工民主管理工作实效。

二、现状分析

党的十九大以来，加强社会主义民主政治制度建设，健全以职工代表大会为基本形式的企事业单位民主管理体系，保障职工参与管理和监督的民主权利，激发职工的创新动力和自我价值的实现，畅通民主渠道，建设和谐社会，已经成为社会主义核心价值观培育和价值体系建设的重要推动力量。在新时代的背景下，职工民主管理显示出了新的时代特点、新的实践特色和新的管理需求。如何构建更加有效的职工民主管理渠道，提升职工民主管理能力，建立健全职工民主管理专项工作标准化建设平台，是摆在和谐企业建设面前无法回避的战略问题。

（一）传统民主管理机制不健全，职工民主管理方式必须改变

维护和保障职工的合法权益，是企业职工民主管理工作的重点，也是难点。健全和落实职工代表大会制度，完善厂务公开等民主管理制度，维护好职工的民主权利和经济利益，是做好企业民主管理工作最基本的切入点。然而，在传统民主管理模式下，机制不健全导致民主管理工作缺乏活力、有效覆盖面不足；部分职工缺乏主人翁意识，对企业缺乏认同感，抱有无所谓的态度；企业接受民主管理的内在动力不足，对民主管理的重视程度不够；工会作为联系职工的桥梁和纽带，没有相应的平台，无法有效发挥应有的作用；部分民主管理工作流于形式，随意性较大；职工民主管理照抄照搬，措施不具体、制度不配套、渠道不畅通、工作无监督。新时期，企业的职工民主管理必须进一步完善职工民主管理标准化流程，改进职工民主管理方式方法，搭建适宜的职工民主管理实施平台。这不但是改变传统民主管理方式下职工参与度不高、主动性不强、民主管理效果不佳等缺陷的需要，也是充分挖掘职工的潜能、提高职工的专业技能素质、激发职工的创造热情和激励职工与公司同呼吸共命运，最终达到自我价值实现的需要。

（二）公司和电网发展全面提速，职工民主管理能力亟须提升

在新时期，随着我国社会主义市场经济的快速发展，电力需求已经成为社会的基本需求，满足国民经济发展和人民群众社会生活对电力的需求已经成为国家电网有限公司的重要任务。"十三五"期间，进一步坚定目标，创新突破，全力推动公司和电网高质量发展，加快建设"三型两网"世界一流能源互联网企业已经成为电网人的首要任务。在"抢抓机遇、迎接挑战"努力推进公司及电网快速发展过程中，公司必须在总体战略目标指引下，认真落实依靠方针，加强企业民主管理标准化建设，不断提升职工民主管理

能力。当前，随着国家电网有限公司改革发展步伐的不断加快，以职工为本，让职工在本职岗位上更充分地体现自我价值，既是党执政为民理念的体现，也是推动公司改革发展的迫切需要。

（三）和谐企业建设进入常态化，职工参与民主管理方式亟待创新

职工民主管理是基层民主政治建设的重要内容，是深入贯彻落实党的十九大精神，创新企业经营管理的重要举措，是全面落实《企业民主管理规定》，推进厂务公开，支持职工参与企业管理，维护职工合法权益，构建和谐劳动关系，促进企业持续健康发展的必然途径。在新时期，和谐企业建设已经进入常态化，对于企业来说需要不断创新工作方法，积极探索并搭建常态化的职工参与企业民主管理的标准化平台，提升职工工作的主动性、创造性，充分挖掘职工的潜能，提高职工的专业技能素质，激发职工参与民主管理的热情，从而激励职工在本职岗位上释放最大的能力，与企业发展形成命运共同体，达到自我价值的最大实现，引导职工将个人职业生涯追求与企业改革发展大局紧密结合在一起，开创职工自发、自觉、自主参与企业民主管理工作的新局面。建立健全职工民主管理标准化建设是民主管理机制创新的根本要求，通过搭建平台、健全机制和营造氛围，加强职工民主管理的组织领导、强化机制建设和作用发挥，从而不断增强职工的凝聚力和向心力，增加职工的责任心和使命感，也是和谐企业建设的必然要求。

三、主要做法

（一）工作思路

新时期职工民主管理标准化建设的基本内涵是：坚持群众性、动态性、激励性和实效性原则，从高标准、高质量和高效率着手，以"员企同心、目标同向、工作同步、相融互动"的建设目标为导向，以"激发职工的民主管理热情，创新职工民主管理方式和方法"为主题，以职工民主管理能力的提升为根本，通过组织保障机制建设、制度保障机制建设和文化保障机制建设，创新性推出"民主管理事项工作单"绿色通道，推进职工民主管理的科学化、

制度化、规范化和常态化，形成从"建设理念""建设目标""建设内容"到"建设绩效"的职工民主管理标准化建设四维一体框架，并进行 PDCA（Plan, Do, Check, Action）闭环管理，达到充分调动广大职工参与企业民主决策、民主监督积极性的目的，从而有力促进企业的和谐发展和持续提升。

（二）亮点特色

国网安阳供电公司充分结合新时期职工民主管理标准化建设的内涵，狠抓职工民主管理的标准化平台建设、组织保障建设、制度保障建设和文化保障建设，推进职工民主管理方式的创新，取得了较好的效果。通过职工民主管理标准化建设，改进了传统落后的职工民主管理方式；通过组织保障建设，奠定了职工参与民主管理的基础；通过制度保障建设，提高了职工民主管理的能力；通过文化保障建设，增强了职工参与民主管理的主动性、能动性；通过创新"民主管理事项工作单"绿色通道，有效推动了职工参与民主管理的效率和效果。

（三）实施步骤

1. 深入开展调研，加强顶层设计，构建职工民主管理标准化平台

做好前期调研是职工民主管理标准化建设项目顺利推进的前提和基础。国网河南省电力公司工会集中两个月时间，从职代会建设、厂务公开、劳动保护监督、合理化建议征集、集体合同执行情况等方面，通过发放调研问卷、实地走访谈心、召开座谈会等形式，对基层单位民主管理现状进行调研，全方位、多角度地细致排查和掌握民主管理机制运行现状，较为准确地掌握了导致民主管理现状的症结。河南省电力工会科学决策，顶层设计，建立了从"建设理念"到"建设目标"再到"建设内容"的职工民主管理标准化平台。

2. 完善组织网络，落实职能责任，强化组织保障建设

组织保障建设主要是建立健全各级职工民主管理的组织机构，加强领导、组织与协调各项职工民主管理工作，受理、督办和落实各项民主管理事项，落实职工民主管理目标，形成高效、协同的组织保障网络。

职工民主管理组织网络建设在组织保障建设方面，公司党政主要领导

主持召开会议，研究部署民主管理保障机制建设工作，并深入基层检查指导。

组织职能责任落实建设，公司职工民主管理组织网络具有多层级、扁平化和矩阵式特点，克服了传统职工民主管理层次重叠、冗员多、组织机构运转效率低下等弊端，加快了职工民主管理过程中的信息流速度，提高了管理效率。

3.优化管理平台，完善制度体系，推进制度保障建设

制度保障建设主要是始终坚持把职工代表大会制度作为维护职工民主权利和经济利益的重要制度，作为职工参与民主决策、民主管理和民主监督的平台，作为职工理性表达利益诉求的畅通渠道，并在实践中不断加以完善。同时，进一步强化厂务公开制度、平等协商制度、集体合同制度等，建立完善的职工民主管理制度体系。

4.打造企业文化平台，营造文化氛围，促进文化保障建设

文化保障建设主要是进一步营造职工参与民主管理的文化氛围，提高职工参与民主管理的积极性，强化责任感、认同感和荣誉感，构筑职工参与民主管理的文化体系。牢固树立"以人为本"理念，持续推进企业文化传播、企业文化落地和企业文化重点项目建设，加强对企业文化的宣传、解读和贯彻，营造浓郁的企业文化氛围。

5.全力推进"民主管理事项工作单"绿色通道建设

为了有效促进职工民主管理标准化建设工作，公司重点推进"民主管理事项工作单"绿色通道建设，制定了"覆盖全员、分级考核、标准统一、过程督察、结果导向、刚性执行"的管理制度，并实现职工民主管理工作的全方位、全过程、全覆盖式PDCA闭环管理。以"民主管理事项工作单"绿色通道为核心的新时期职工民主管理标准化建设，是新形势下公司在企业民主管理工作中的重大创新，是民主管理工作在现代企业制度建设中的积极探索和应用。通过明确工作流程，细化工作措施，强化工作考核，提高了工作效率，增强了企业凝聚力和向心力，达到了工会工作和企业工作真正意义上的融合，实现了企业合法利益和职工合法权益的双维和双赢。

四、项目成效检验

通过新时期职工民主管理标准化建设，国网安阳供电公司形成了相对完整的职工民主管理保障机制，建立了职工民主管理组织网络，完善了制度建设，营造了良好的文化氛围，创新性地提出和应用了"民主管理事项工作单"绿色通道，多形式、全方位地推动了职工民主管理工作，形成了广大职工主动参与管理、服务企业、联系职工、改进作风、强化自身、履行职责的民主管理常态化工作机制，有力地促进了公司的发展。

（一）职工民主管理方式得到优化，民主管理能力全面提高

职工民主管理是国网安阳供电公司实现科学管理的重要举措，通过实施以"民主管理事项工作单"绿色通道为中心的职工民主管理标准化建设，充分肯定了职工在公司中的主体地位，为发挥职工的聪明才智搭建了广阔的平台。首先，通过职工民主管理保障机制的建设，提高了公司职工的民主管理意识，形成了职工关心企业发展，争相为企业献计献策的良好局面。如2018年，通过"民主管理事项工作单"绿色通道，公司共收到并处理113份工作单，提出合理化建议200多条，为公司的科学管理提供了重要的决策参考。其次，通过职工民主管理标准化建设，提高了公司职工参与民主管理的能力。如职工在参与民主管理的过程中，能够主动自觉地利用"民主管理事项工作单"绿色通道，通过正当途径诉求自己的主张，并结合"民主管理事项工作单"进行检查和落实，有效地保障职工民主管理标准化建设工作的执行效果。

（二）公司和谐劳动关系得到改善，民主管理工作形成新局面

职工代表大会是职工参与民主管理的基本形式，国网安阳供电公司通过新时期职工民主管理标准化建设，进一步强化了职工代表大会的作用，使其真正成为了落实职工代表大会职权，协调公司和谐劳动关系的重要制度。通过职工代表大会，国网安阳供电公司细化了156项"三重一大"决策事项清单，成立了安全生产、规划建设、预算管理、绩效考核和监督审计五个委员会，健全了科学、民主、依法决策的支撑体系。同时，公司的决策协商制度进一步得到完善，在公司的重大决策中，职工的意见受到了

尊重，并给予了充分的体现。另外，通过新时期职工民主管理标准化建设，进一步强化了职工在公司中的主人翁地位，提高了职工的工作积极性，形成了职工关心企业，企业良性发展并回报职工的良好局面。

（三）创新绩效不断涌现，公司发展能力全面提升

国网安阳供电公司依托职工民主管理标准化建设，推动思维创新、机制创新、工作创新，激发了基层单位推动民主管理工作创新提升的主动性，营造了特色鲜明、亮点突出、精品涌现、创新发展的浓郁氛围，推动了民主管理工作的纵深开展，也带动了创新绩效的不断提升，全面提升了公司的发展能力。国网安阳供电公司贯彻落实河南省电力公司党委各项决策部署，狠抓关键业绩指标，精准诊断薄弱环节，组织实施了深化本质提升"十大攻坚行动"，以重点突破推动整体工作水平持续提升。在广大职工踊跃参与民主管理，为公司献计献策的前提下，公司的决策支持体系得到了完善，经营能力得到了提升，风险管理能力也得到全面提高，2019年，在河南省电力公司发布的上半年本质提升结果中，国网安阳供电公司本质提升指标提升度、指标绝对水平均居全省前列。

截至2018年年底，国网安阳供电公司连续7年获河南省电力公司业绩考核A级；同业对标蝉联省公司综合标杆，其中风险管理、供电服务获板块标杆第一，安全生产获板块标杆第二。国网安阳供电公司先后荣获全国安康杯竞赛优胜单位、河南省模范职工之家红旗单位等称号，被安阳市委、市政府评选为精准脱贫攻坚战突出贡献单位、财税工作突出贡献单位和支持"三农"工作先进单位，持续保持"全国文明单位"称号，为驻安央企中获奖数量最多的单位，公司整体工作多次获得省市主要领导批示肯定。

五、存在问题及改进方向

近年来，通过持续深化新时期民主管理的探索与实践，国网安阳供电公司实现了职工民主管理工作质量的持续提升，为推动公司和电网高质量发展起到了积极作用，但企业民主管理还存在一些问题和不足，需要在下一步工作中予以改进提升。一是公司民主管理制度体系还不够健全，随着经

济社会的快速发展和电网企业内外部改革的不断深化，公司内外部新问题、新风险不断涌现，公司民主管理制度需要与时俱进、查漏补缺，随之改进完善，为民主管理各项工作奠定制度基础。二是职工参与企业管理的积极性还需进一步提升。部分职工群众对自身应有的地位、作用及自身权利认识不清，对企业民主管理的参与度、认知度不高，需要各级工会组织加强工作，充分调动广大职工参与企业民主管理的积极性、主动性。三是各级工会干部队伍力量仍需加强。目前基层工会合并入党建工作部的机构设置，引起工会干部人员职数的负增长，工会干部队伍力量不足，为公司民主管理工作水平的持续提升带来一定影响。

下一阶段，国网安阳供电公司将持续加强企业民主管理，在完善制度、加强工会干部队伍建设等方面加大工作力度，不断创新工作方式方法，持续提升公司民主管理水平。一是持续加强民主管理制度体系建设。深入学习贯彻习近平新时代中国特色社会主义思想，不断深化民主管理制度体系建设，使之成为现代企业管理制度的重要组成部分，使企业民主管理工作程序更加规范、流程更加完善，推动各项民主管理制度执行落地。二是进一步坚持和完善职工代表大会制度。在保持职工代表大会建制率完整的情况下，坚持抓好基层职工代表大会民主管理三级网络的完善，健全职工代表大会的工作机构、专门委员会的设置，强化职工代表大会民主管理能力建设，组织职工代表积极引领广大职工群众为建设世界一流能源互联网奉献聪明才智。三是推动厂务公开与现代企业制度紧密融合。逐步把成熟的厂务公开制度融入企业经营管理的制度和活动之中，将企业重大决策公开、大宗物资采购公开、工程招投标公开，以及民主评议、考核领导干部等先进经验，化为企业的日常管理行为，使之在更广的层面规范运作。四是高度重视工会干部队伍建设。不断充实工会干部职工队伍，加强专业能力培养，不断提升工会干部队伍素质，为企业民主管理工作水平不断提升奠定坚实的人才基础。

职工是企业发展的基石，企业是职工成长的平台，两者相互统一、相辅相成。国网安阳供电公司将持续深化职工民主管理标准化建设导向，宣传引领职工牢固树立"以责任超越平凡、以创新激发活力、以奉献感恩企业"的理念，助推公司和职工与时俱进、再创佳绩！

附件：标准化成果（成果支撑材料，如作业指导书、操作细则等规范性标准化文件）

1. 民主管理事项工作单（略）

2. 安阳供电公司基层分（工）会选举工作作业指导书（略）

3. 国网安阳供电公司"一切为了一线、为职工办实事常态化工作机制"作业指导书（略）

4. 国网安阳供电公司内部工作服务热线管理方案（略）

5. 职代会联席会议议题提交单（略）

以探索"2345"民主管理模式
为核心的班组建设实践

段梦迪　王颜芳

（河南送变电建设有限公司工会）

河南送变电建设有限公司输电第三施工分公司（以下简称输电第三分公司）现有职工总人数 81 人，分设综合管理部和项目管理中心两个班组，负责电压等级 220kV 及以上输电线路架设和大修技改工程。近年来，输电第三分公司在上级的坚强领导下，深入贯彻落实《国家电网公司职工民主管理纲要》和《国家电网公司"十三五"民主管理行动计划》，坚持"全心全意依靠职工办企业"的方针，变"围绕中心"为"融入中心"，积极探索民主管理新机制、新模式、新载体，聚焦主业、与时俱进、群策群力，推动班组建设内容不断深化、形式更加丰富、体系逐步完善，在构建和谐劳动关系，促进改革发展稳定方面发挥出积极作用。

输电第三分公司结合工作特点和实际，围绕送变电公司打造世界一流电网建设和运维企业战略目标，以"班务职工理、班情职工知、班策职工定、班事职工管"为途径，立足于班组，深入开展"以探索'2345'民主管理模式为核心的班组建设实践"课题研究，切实提高民主管理效能和水平，逐步实现从卓越执行的"细胞群"到活力四射的"生命体"的进化，为公司发展奠定了坚实基础，提供了重要保证。

一、实施背景

（一）实现和谐发展必须强化民主管理

民主管理是指企业或事业单位的职工依据相关法律与制度，通过一定的组织形式，直接或间接地参与企事业管理与决策的各种行为。通过进一步健全职工民主管理的制度机制，有利于保障广大职工对企业改革和生产经营的知情权、参与权、表达权和监督权，有利于充分调动职工的积极性、主动性和创造性，推动企业和谐持续发展。输电第三分公司严格落实以职工代表大会为基本形式的职工民主管理制度和民主监督制度，为实现好、维护好、发展好广大职工的民主权利发挥了重要作用。但是随着企业改制改革的不断深入，民主管理的范围不断扩大、内容不断延展、需求不断增多，而管理形式不够与时俱进，对职工群众来说有些"老生常谈""滚动播放"，形成了"年年如此、事事如此"的印象，缺乏吸引力，难以调动职工参与的积极性，严重制约了民主管理的效果。在这样的背景下，开展民主管理创新实践具有重大而深远的意义。

（二）实现民主管理务必依靠职工群众

民主管理工作强调以职工为本，是工会组织贯彻落实习近平新时代中国特色社会主义思想的具体体现。加强民主管理工作，就是要以实现职工的全面发展为目标，不断满足广大职工日益增长的物质文化需要，切实保障职工群众的经济、政治、文化和社会权益，让改革发展的成果惠及全体职工；就是要把竭诚为职工群众服务作为工会一切工作的出发点和落脚点，做到心里装着职工、凡事想着职工、一切为了职工。由于输电第三分公司工作的特殊性，负责的施工工程分散在内蒙古、广西、云南、河南（驻马店、洛阳、南阳）等地，横跨大半个中国，职工分布点多、线长、面广，导致职工之间交流不便，意见建议不能及时上报，长期积累，得不到有效解决。郑州本部开展的惠民活动受时间空间的制约，无法全面覆盖到所有项目工程，致使职工受益面窄，参与度低。同时，用工形式的多元化，职工队伍结构的复杂化，职工素质的多样化都对民主管理工作提出了更高的要求。

（三）实现依民办企必定加强班组建设

班组是企业内部从事经营和管理工作最基层的组织，是根据企业内部劳动分工与协作的需要而划分的基本作业单位，是企业的最基本单元和最小组织，是企业机体最基本的细胞。它既是企业生产经营的主要实施和控制环节，又是思想政治工作最生动和最活跃的地方；既是企业战略决策的前沿，也是职工提高素质和增强能力的课堂。基于班组的重要意义，输电第三分公司将班组作为探索"2345"民主管理模式的阵地，通过建立健全规章制度、规范班组运作行为、增强约束机制，着力解决民主管理形式单一、职工诉求通道狭窄、公司政策执行不力等关键问题，逐步提升班组科学管理、规范管理、动态管理、民主管理能力，努力实现班组素质优良、班组管理精细、班组作风过硬、班组业绩显著、班组状态积极的目标，达到班组整体水平全面提升，全力推动企业各项工作高质量发展。

二、基本内涵

输电第三分公司以《国家电网公司"十三五"民主管理行动计划》为指导，认真落实《国网河南省电力公司企务公开"531"工作推进法》《国家电网公司班组自主管理制度》，紧密结合工作实际，通过构建"2345"民主管理模式，用创新精神探索民主管理工作的新方法，开辟新途径，使企业时刻充满活力，发展后劲十足。"2345"的内涵为："2"指发挥"两项基本职能"，即发挥"规范、安全、高效"的作业单元职能和"自立、互助、温暖"的职工小家职能；"3"指运行"三种管理模式"，即职代会工作模式、"互联网＋班组"模式、班务公开模式；"4"指实现"四项班组建设"，即人文关怀建设、基本技能建设、文化思想建设、创先争优建设；"5"指得到"五种价值提升"，即在助推企业持续发展中得到提升、在推进民主政治建设中得到提升、在构建和谐劳动关系中得到提升、在加强党风廉政建设中得到提升、在顺应潮流与时俱进中得到提升。

三、主要做法

（一）发挥"两项基本职能"，稳扎发展根

1. 加强标准管理，发挥"作业单元"职能

加强企业标准化班组建设与管理，是提高职工安全生产意识和素质，杜绝各类事故发生，实现企业生产目标，提高企业经济效益的根本所在。

输电第三分公司认真贯彻落实国网十二项配套措施要求,全力打造优质工程。一是人员标准化。全部项目工程均设立"九大员",即施工员、质量员、安全员、标准员、材料员、机械员、预算员、资料员和党建员,形成各司其职、各尽其责的良好局面。二是制度标准化。所有项目工程均采用同一作业标准,项目部悬挂"四牌一图",即工程项目概况牌、工程项目管理目标牌、工程项目建设管理责任牌、安全文明施工纪律牌和线路走向图,起到提醒及规范行为的作用。三是考核标准化。成立由分公司经理带队,安全、质量、车队等负责人组成的专项检查组,每季度对在建工程进行一次量化考核,根据考核结果对各工程项目以及项目关键人员分别进行评分排序,以此作为评选先进和奖惩的主要依据,着力推动现场安全责任落实到位。

2. 汇聚合力共为,发挥"职工小家"职能

一项输电线路架设工程的工期短则一年,长则两年,对于施工单位职工来说,班组不仅是实现梦想、大展宏图的地方,而且是和谐共进、温暖舒心的港湾。输电第三分公司想职工之所想,急职工之所急,将班组建设作为奋发向上、和睦相处的家园。一是汇聚集体智慧。在班组悬挂意见箱,利用每月项目例会、党小组学习组织交流,开展"我为企业献一策"合理化建议月、"一句话献言献策"活动,畅通沟通渠道。二是汇聚帮带合力。在重点工程建设现场成立3个党员突击队,划分7个党员责任区,设置7个党员示范岗,大力开展"两带三保"活动,依托"党群结对""班组牵手",切实凝聚人心、鼓舞斗志。三是汇聚榜样力量。以"我和祖国共奋进"为主题开展"班组微讲堂",结合"庆祝新中国成立70周年——最美国网人先进典型事迹宣讲活动",组织劳模工匠等先进典型讲述自己的岗位成才故事,广大职工撰写学习心得体会,唱响"劳动光荣、创造伟大"的时代主旋律。

(二)运行"三种管理模式",下好协同棋

1. 运行职工代表大会工作模式,贯通决策渠道

在企业管理中,"以人为本"是企业民主管理的主要管理制度,"以人为本"的实质就是职工当家做主,在基层中,职工参与企业管理最有效

的途径就是通过职工代表大会。近年来，输电第三分公司7名职工代表积极参加公司职工代表大会，并于每年年初召开分公司职工代表大会，宣贯上级职工代表大会精神，审议分公司发展和职工利益的重大问题。在职工代表大会闭会期间，按照依法评估、注重实效的原则开展职工代表大会质量评估。开展职工代表、董事长联络员巡视，进一步了解一线职工的实际困难。通过坚持职工代表大会制度、坚持民主监督制度，加强企业民主管理。从落实相关制度入手，使民主管理更加制度化、规范化，做到有章可循。

2.运行"互联网＋班组"模式，打破空间局限

随着社会发展步入"互联网＋"时代，企业的管理模式也发生了巨大变化。输电第三分公司为适应企业管理方式变革，深化班组精益运行和一体化管理，基于"互联网＋"理念，利用微信、QQ交流群、等开发"同进同出"人员管理app平台、推广国网公司"基建管理""钉钉打卡"施工现场管控app平台，将管理思想、组织架构与信息技术深度融合，构建了综合性的班组建设一体化管理平台，把班组纵向各项目部、横向各专业，使机构、人员、业务密切联系在一起，促进班组建设由垂直化管理模式向网络型互动模式转变，管理更加规范、资料真实透明、交流学习便捷，班组建设传统管理模式存在的问题得到了全面改善。

3.运行班务公开模式，拨开管理云雾

班务公开是班组建设行为中重要的组成部分，通过营造公开、公平、公正的竞争范围，让职工心中有数、干有目标、赶有方向，更容易使团队拧成"一股绳"，共同进步。目前，输电第三分公司采用线上线下相结合的形式，全面加强班务公开规范化建设。线上公开，通过手机app上传工作制度、工作安排、绩效考核结果、职工奖惩情况等，全过程地保障职工对班组工作的知情权、参与权和监督权。线下公开，通过设置班务公开栏，以"阳光班务 温馨小家"为主题，划分"学习讲话，永跟党走""立以规矩，才成方圆""公开透明，你我有责"等7个版块，积极推进企业发展与班组的主观能动性、创造性以及广大职工利益诉求的高效统一。

（三）实现"四项班组建设"，形成驱动势

1. 实现人文关怀建设

在日常工作中输电第三分公司重视解决职工的精神需求、精神寄托问题，将"四个关爱"落到实处。春节前夕，班组领导对困难职工进行入户走访慰问，表达组织的关怀和温暖；建立困难职工档案，开展"金秋助学"活动，以班组为单位对大病至困职工进行捐助。截至目前，共帮助了4名困难职工；"3·5"雷锋日到工程周边村镇开展"志愿服务送平安，科学用电保安全"志愿宣讲活动，为助力第十一届全国少数民族传统体育运动会，开展"绿城使者"志愿服务活动，用行动传播爱心，用双手服务社会；配合公司做好"夏送清凉"慰问活动，为一线职工发放矿泉水、绿豆等防暑降温用品，并对劳动安全保护落实情况进行检查，消除安全隐患。

2. 实现基本技能建设

大力开展"导师带徒"活动，制定明确的阶段性可实践目标，为每位徒弟分配两名导师，分别负责培养管理能力和施工技术能力，落实好"传、帮、带"工作；以班组为单位组织技能培训，培训内容涵盖QC科技创新、现场管理及技术、安全应急演练和心理疏导等多个领域，帮助职工全面发展；在QC活动中，班组抽选经验丰富、责任心强、创新意识卓越的优秀人才担任小组组长，组织成员按照PDCA程序开展活动。截至目前，累计成立8个QC小组，通过互相启发，集思广益，在科技创新方面获得累累硕果。其中，"标准化索道的应用及管理"活动课题荣获中国电力建设企业协会三等奖、河南送变电建设有限公司一等奖；"玻璃钢木板施工""使用抗弯旋转连接器过张力机轮"等4项活动课题荣获河南送变电建设有限公司二等奖；"地脚螺栓施工质量控制及跟踪""八分裂与六分裂大截面导线连续展放施工研究"等17项活动课题荣获河南送变电建设有限公司三等奖。

3. 实现文化思想建设

积极开展"生命体班组建设"，项目部每月举办"班组微讲堂"，职工轮流做主讲人，围绕自己的日常管理、专项工作和学习劳模等多方面进行讨论；定期参加公司"职工大讲堂"，通过学习国际形势、家风家教、健康养生等知识，满足职工多层次多方面的精神文化需求；组织职工积极参加公司职工文化展演和运动会，挖掘文化亮点、培育文化精品，培养职工健康向上的生活理念；强化职工书屋建设，升级改造班组职工书屋，建设现代化阅读环境；推广"书香国网"数字阅读平台、"S365"职工运动app平台，持续提升文化涵养和身心健康水平，汇聚公司发展活力。

4. 实现创先争优建设

组织职工参加郑州市第十六届职工技术运动会500kV以上送电线路架设工技能竞赛，输电第三分公司共参赛8人，通过理论和实际操作两部分的激烈角逐，其中5人分获第一、第三、第四、第五、第七名，授予"郑州市技术状元"称号和"郑州市技术标兵"称号；建立班组成员考核评比机制，开展"季度之星"评选，将班组业务骨干履行"导师带徒"职责、技术创新、发挥示范引领作用，新员工学习业务知识和技能情况、现场工作表现纳入考核评比范围，并将班组评比结果与年终评优评先、员工绩效考核结合起来，在班组成员中掀起"创先争优"热潮，有力地促进了工程施工的安全顺利进行。

（四）得到"五种价值提升"，释放磅礴能

1. 在助推企业持续发展中得到提升

充分调动职工的积极性、主动性和创造性，使班组呈现出良性的循环状态，使职工自发地把个人利益和集体利益联系起来，以主人翁的姿态来对待工作，班组时刻充满活力，发展后劲十足。在云桂乌东德线路工程、内蒙古科尔沁线路工程、郑万高铁、蒙华铁路配套工程等急难险重任务中，"工人先锋号""青年突击队"冲锋在前，充分发挥豫电智师铁军"特别讲政治、特别讲担当、特别能吃苦、特别能战斗、特别能奉献、特别有智慧"的优良传统，有力保障了各项工作的顺利完成。

2. 在推进民主政治建设中得到提升

近三年，在"我为企业献一策"合理化建议月、"一句话献言献策"活动中，共征集建议157条，其中30余条被班组采纳并实施，4条作为优秀合理化建议报送至河南省电力公司，14条建议报送至河南送变电公司并被评为优秀合理化建议。职工的意愿和要求通过民主管理的渠道向班组反映出来，使职工群众与企业的劳动关系不断得到协调，避免由于民主渠道不畅带来的严重后果，很好地体现和保障了职工作为国家主人翁和企业劳动主体的地位，增强了职工对企业的归属感、认同感和责任感。

3. 在构建和谐劳动关系中得到提升

在班组经营生产中，高度重视和构建和谐劳动关系，班组成员以高度的政治责任感重视安全文明施工，为地方经济发展服务。分公司承建的昌吉—古泉 ±1100kV 直流输电线路工程在国家电网报、国网河南电力手机报等媒体持续报道。以特高压建设感人事迹为主题的配乐诗朗诵《电力蓝天壮美诗篇》在公司职工文化成果展示活动中获得一致好评，展现出一线送电工用双脚丈量广阔平原、用汗水融化寒冷冰雪、用双臂征服崇山峻岭，点亮万家灯火的良好形象。

4. 在加强党风廉政建设中得到提升

在班组范围内，全方位开展廉洁风险防控工作，围绕排查确定的各类风险点，有针对性地制订防范措施，着力形成以岗位为点、以制度为面的廉政风险防控体系。重大节假日前在项目微信群发布廉政警示，要求全体职工自觉遵守八项规定，抵制"四风"。通过职工代表大会制度、合理化建议活动、班务公开等让职工参与班组运行的关键环节，触及班组管理的敏感区域，最大限度地发挥职工的监督权力，形成强有力的纠错机制，促进班组依法运行和管理者的廉洁从业。

5. 在顺应潮流与时俱进中得到提升

在大数据、云计算、物联网、移动终端的协同推进下，"互联网 +"思维、智能化作业、信息化应用日益重要，对班组组织模式和作业效率效益提出了新的要求。输电第三分公司转变工作思路，主动适应发展趋势，已初见成效。推出施工现场无人机安全巡视、视频监控，组织开展全国首次 600t 大型液压设备进行直线管压接及 1660mm^2 碳纤维导线展放试验，强化现场安全文明施工，提升标准化建设水平。用无人机拍摄乌东德四标贯通全景，制作成美篇，在项目部微信群、班组微信群等各类职工交流平台广泛传播，树立良好品牌形象。通过视频直播系统召开安全月度例会、"三会一课"、职工代表大会等重要会议，打破交互共享壁垒，组建虚拟"网状"社区，实现郑州本部与各项目部互联。

四、实施效果

（一）项目实施效果

一是切实提升了民主管理水平。该项目以班组、项目为依托，注重以人为本，以"工匠精神、主人翁精神、劳模精神"为先导，提升班组在公司战略中的价值地位，体现班组的价值，打造"生命体"班组文化。近三年来，项目管理中心荣获国家电网有限公司先进班组、国网河南省电力公司一流班组、先进班组，所负责施工的吉泉线（豫四标段）连续两年荣获国家电网有限公司"工人先锋号"称号；输电第三分公司连续两年荣获河南送变电建设有限公司先进工会，所负责施工的 6 个工程先后荣获河南送变电建设有限公司"工人先锋号"称号；2019 年，项目管理中心荣获"省直青年文明号"（五星级）。

二是切实提升了价值创造能力。该项目坚持问题导向和目标导向，依托于输电第三分公司核心业务，围绕河南送变电建设有限公司发展目标，切实发挥工会解放思想的"导航器"、凝聚力量的"黏合器"、全局工作的"助推器"作用，有力地保障了企业的高质量发展。输电第三分公司安全生产基础更加牢固、精益管理持续深化、队伍建设有效加强、发展质效不断迈上新台阶。近几年，输电第三分公司曾多次荣获河南送变电建设有限公司文明单位、先进工会、宣传报道先进集体、安全生产先进单位、设备管理先进单位、科技进步先进集体等荣誉。

（二）项目推广价值

本项目立足班组全方位、多角度、各领域创新建设，实现了基层民主管理规范、职工权利得到保障、企业健康持续发展，基层工会工作价值创造能力再提升，具有较高的推广价值。

基于服务职工美好生活需要的
民主参与保障机制

李国立　茹笑天　郑冰冰　王晓敏　张　军　阮晓丽

（国网济源供电公司工会）

国网济源供电公司担负着济源地区的电力保障任务，在职职工700余人。近年来，公司内强管理、外塑形象，先后获全国"五一"劳动奖状、全国模范职工之家、河南省文明单位标兵、河南省模范劳动关系和谐企业、河南省工会规范化建设单位等一系列荣誉。

随着人民对美好生活需要的不断提升，国家电网有限公司、河南省电力公司以习近平新时代中国特色社会主义思想为指导，把"关心关爱职工，积极为职工办实事"作为"全心全意服务职工美好生活需要是新时代公司工作的重要保障线"的理念，对群众工作提出了更高的要求，如何落实好上级要求、满足职工对美好生活的需求，成为基层工会思考的问题。

2019年以来，国网济源供电公司工会针对国家电网有限公司办好职工文体活动场所建设、"五小"供电所建设、职工慰问三件实事和国网河南省电力公司办好职工文体活动场所建设、"五小"供电所建设、慰问送暖、职工疗休养四件实事要求，以"民主参与"为灵魂、以"服务效力"为核心、以"走访调研"为抓手，锐意探索、深入实践，积极构建基于服务职工美好生活需要的民主参与保障机制，通过搭建民主参与平台，着力把实事办好、好事办实，夯实了"为职工办实事"的工作基础，激发了一线职工热情，圆满完成了"为职工办实事"的工作。

一、实施背景

（一）提升服务职工能力的现实需求

中国特色社会主义进入新时代，我国社会主要矛盾已经转化为人民日益增长的美好生活需要和不平衡不充分的发展之间的矛盾。这一矛盾的转化，就要求工会组织在服务职工群众时多从需求侧角度以及软实力建设方面，进行长远谋划。2019年，国家电网有限公司工会、河南省电力公司工会全委会都对"为职工办实事"工作进行部署安排，将服务职工理念落到了具体实事上，为基层单位工会指明了方向，明确了具体路径。

（二）深化企业民主管理的内在需求

民主管理一直以来是企业工作的重要内容，也是工会组织发挥桥梁纽带作用的重要保障。在树立"全心全意服务职工美好需要"、落实上级工会"为职工办实事"工作部署方面，引导职工参与进来，畅通民主参与渠道尤为重要。工会组织作为全心全意服务职工美好生活需要的关键部门，如何牵好头、作协调，深入一线、深入基层，了解职工需求、倾听职工心声，畅通路径，提高民主管理工作，成为工会必须解决的问题。

（三）打造健康和谐环境的根本需求

新时代，新作为。当前，公司聚焦高质量发展目标，在加快推进公司"三型两网"世界一流能源互联网企业建设过程中，需要更加健康和谐的内在环境和干事企业生态。在服务职工、为职工办实事中，如不能畅通职工参与渠道，会造成职工群众满意度不高，甚至引发基层矛盾累积和不和谐因素滋长，淡化了对企业的归属感和亲和感，缺乏创新、创业、创造的主动性，不利于公司健康和谐发展。需要在服务职工美好生活的同时，关注职工参与需求，让职工充分发挥主人翁意识，从而提高职工对企业的亲和感和归属感，筑牢和谐劳动关系，促进职工勤勉敬业、干事创业。

二、基本内涵

国家电网有限公司要求牢固树立"全心全意服务职工美好生活需要是

新时代公司工作的重要保障线"理念，河南省电力公司围绕"为职工办实事"要求，提出办好职工文体活动场所建设、"五小"供电所建设、慰问送暖、职工疗休养四件实事。如何落实相关要求，切实把好事办好、实事办实，就需要基层单位工会认真思考。

基于服务职工美好生活需要的民主参与保障机制，是一套符合电网企业实际、促进企业和谐稳定的科学化管理体系，是深化职工民主管理、提升工会工作效能、提高职工满意度的管理创新工程。其主要创新点在于：把民主参与作为服务职工的重要保障，坚持在法律法规和上级工会组织对"为职工办实事"工作有关精神的范围内，通过搭建民主参与、民主监督平台，充分调动每名职工的积极性、主动性和创造性。同时，公司工会注重资源统筹、多方协调，确保实事办理工作的"高度""厚度""纯度"。

三、主要做法

2019年3月，国网济源供电公司工会利用1个月时间，组织基层分工会对公司3个部门、9个班组进行专题调研，举办座谈会3次，发现主要存在三方面不足：一是职工对公司"为职工办实事"工作情况知晓率偏低，为62.5%，不少职工不完全清楚2019年河南省电力公司要求为职工办的四件实事内容；二是职工对公司"为职工办实事"工作不太关心，认为这是公司相关部门的事情，与个人关系不大，没有意识到此项工作和自身利益的紧密性，从而影响了职工对此工作的参与度；三是一些部门服务职工意识不强，专业部门、科室习惯于服务客服、服务工作，对职工需求了解不深入，从而影响全年"为职工办实事"工作。

针对这一现状，国网济源供电公司工会以民主参与为根本，以协调合作为抓手，以服务职工为核心，积极探索基于服务职工美好生活需要的民主参与保障机制，助力"为职工办实事"工作落到实处，促进工会服务职工能力提升。

（一）把握关键，多方协调，引导职工主动参与

公司工会把民主参与摆在突出位置，顺应班组和职工需求，凝聚职工

共识，多举措畅通民主路径。

1.广泛普及实事工作内容

加强职工代表民主管理业务知识培训，并以部门、分会为单位，向广大职工宣传国家电网有限公司和河南省电力公司"两会"精神，及时了解与自身有密切关系的"为职工办实事"工作内容。并通过微信群、公众号采用通俗易懂的方式向职工宣传上级会议和工作内容，让职工对如何行使民主权益有充分的认识。

2.广泛开展职工讨论活动

以"办好实事"为话题，组织各基层分会职工开展大讨论活动，使职工清晰在服务职工、关爱职工工作中的主角定位，明确拥有的权利和义务，让民主参与的理念形成共识，让自主参与的理念落地生根。在对15个班组、100名职工的随机调查中，96名职工对"为职工办实事"工作内容和自身定位认识清晰，占问卷调查总人数的96%。

3.广泛凝聚职工价值归依

以班家共建为根本，推动职工小家建设，落实职工主体地位，激发职工主观能动性，通过经常性的活动，以家的情怀、家的教育、家的风尚，将"为职工办实事"工作融入"全心全意服务职工美好生活需要是新时代公司工作的重要保障线"理念中去，强化大局意识、能力意识和发展意识，为"家"的繁荣共同努力，助力"三型两网"世界一流能源互联网企业建设。

（二）强化保障，积极统筹，提升实事办理成效

公司工会通过强化基础保障、拓展工作渠道，加强统筹协调，确保各项工作顺利完成。

1.明确"路线图"，确保工作推进有"速度"

济源供电公司召开专题会议，认真学习、仔细研究，在吃透上级精神的基础上，统筹制订工作方案，细化工作目标，精心安排、科学组织，加强资源优化配置和工作协同。比如："五小"供电所建设工作中，严格按照工作要求，规范各供电所办公、生活设施配置，在文件标准的基础上制

定了更加细化的、统一的配置标准，促进标准严格执行，确保各项要求落细落小，切实做到"两个统一，三个一致"（统一配备标准，统一建设质量；设计与验收相一致，乡镇与城区相一致，风格与人本相一致）。

2. 筑牢"基础桩"，确保工作成果有"温度"

为充分了解基层生产生活实际，济源供电公司工会办公室、综合服务中心、党委党建部联合，成立以工会办公室为牵头部门的专项调研小组，深入供电所一线，集中开展调研工作。调研小组逐个走访、循序查摆，根据建设标准设计调研表格，在现场对供电所实际状况进行清单式摸排，全面掌握了供电所房屋和设备设施现有情况，并对不同项目分别制定了个性化改造提升方案。期间，查看场地79处，调阅资料336份，交流座谈12场次，收集各类信息600余条，切实把底子摸清、把情况吃透。调研小组在对硬件项目进行评估的同时，充分倾听基层心声，认真记录职工诉求，将职工的有效建议积极融入在改造提升方案中，完善思路、细化措施，确保实事办理成果让职工舒心、暖心、开心。

3. 把牢"方向盘"，确保工作成效有"深度"

为检查督导"五小"供电所、职工文体中心建设成效，公司专门成立了以分管领导为组长，工会办公室、综合服务中心、党委党建部、营销部、营销部综合室部门负责人为成员的验收督导工作组，结合公司实际，依照"任务清单"，紧密监督工程建设进度，确保建设质量和进度能控、可控、在控。"五小"供电所建设完成后，济源供电公司工会、综合服务中心、营销部综合室、施工单位组成的联合检查组采用了"一家一家过，一条一条看"的工作模式，对12个供电所的"小公寓、小食堂、小浴室、小书屋、小菜园"建设情况进行查验，严格对照河南省电力公司要求的验收清单逐项打钩确认，同时对本单位特色建设部分落地情况进行了重点检查，确保济源供电公司"五小"供电所建设能够圆满、出色完成。联合检查组对现场发现的问题逐一登记，结束后形成了详细的自验收问题清单29项和统一的整改标准下发至各责任部门，要求各单位限期完成整改，整改情况纳入公司年度重点工作考核。

（三）遵循原则，提升效能，提升服务职工水平

1. 坚持党建领航，提升工作办理"高度"

济源供电公司以"党建带动工建、工建服务党建"为主线，努力把"为职工办实事"工作纳入党建工作的总体布局，实现党工组织优势互补，积极结合基层党支部阵地建设，邀请党委党建部全程指导，推进"为职工办实事"工作落实落细。同时，公司还将"五小"供电所建设工作与青年人才培养相结合，在前期调研中，特别深入青年职工，倾听他们的心声，了解他们的需求，将素质提升工作融入"小书屋"建设，着力为青年职工打造学习成长园地。

2. 深化自我加压，提升工作办理"厚度"

济源供电公司在进行全面详实的供电所和职工文体中心现状调研后，自我加压、主动作为，及时将文件规定的改造建设以外的任务列为"编外"动作。紧密结合建设标准和工作要求，切实掌握基础资料，深入分析数据来源，提前预判近期人员变动、工作划分等因素，结合资金情况，提出最优建设方案。2019 年 9 月 12 日，"五小"供电所建设计划外项目的设备设施投资完成率和房屋修缮投资完成率均达到 100%；2019 年 11 月，根据职工文体活动需求，完成"职工书画摄影吧"建设。并积极从供电服务公司、人力资源部筹集人力，从财务资产部筹集专项资金，在河南省电力公司没有下达专项经费之前，不等不靠，多方筹措资源，积极开展施工建设和标准化配置工作，实现了计划内"规定"动作和计划外"编外"动作"两不误、两同步"的目标。

3. 强化服务意识，提升工作办理"纯度"

济源供电公司强化宗旨观念和服务意识，积极主动服务职工美好生活需求，树立"注入制度建设、文化引领新思路"理念，不仅升级"五小"供电所所在地的房屋改造、设施配备等硬件设施，还为各个供电所制作了"五小"场所管理制度、"书籍"管理制度、温馨提示等文化版面 114 个，提升供电所文化氛围。此外，我们在确保把实事办好的基础上，因地制宜，倡导实际、实用、实效，节约、合理使用资金，着力为职工打造温馨、温暖环境，增强职工的获得感、幸福感。

四、实施效果

1. 彰显了基层职工主人翁地位

基于服务职工美好生活需要的民主参与保障机制的构建与应用，落实了职工的主体地位，职工以主人的心态和身份参与"为职工办实事"工作。一年来，职工积极参与、建言献策，对"职工文体中心建设""五小供电所建设"等工作提出了 6 条建议，对 2019 年 4 件实事工作进行民主监督，提出了 3 条整改意见，职工主人翁的地位得到了充分彰显，激发了职工干事创业的主动性。

2. 提高了服务职工工作满意度

让职工民主参与服务职工美好生活需要的"四件实事"工作，畅通了职工民主参与、民主管理、民主监督的渠道，保证职工民主权益，解决一线实际诉求，有效提升了职工群众的认可度和满意度。公司问卷调查相关资料显示，2019 年末，职工对公司"为职工办实事"工作情况知晓率由年初的62.5% 提高到了 93.6%，职工对"为职工办实事"工作满意度达到 92.9%。

3. 推动了企业和谐稳定发展

民主筑和谐，聚力谋发展。随着基于服务职工美好生活需要的民主参与保障机制的实施，"为职工办实事"工作的职工参与和职工监督水平不断提高，劳动关系更加健康和谐，发展决策民主科学，职工主人翁地位愈发突出，履职尽责意识更加彰显，形成了聚力前行、创新创效的源源动力，为公司和电网跨越发展提供了有力保证。

"1+2+2"职工诉求管理体系建设
探索与实践

刘晓薇　张翼霄　张　冰

（国网河南经研院工会）

一、项目背景

工会组织作为党联系职工群众的桥梁纽带，肩负着维护职工群众的合法利益和民主权利、组织职工参与企业民主管理、动员和组织广大职工群众积极投身企业建设的重要职责。党的十九大指出，要增强群众工作本领，创新群众工作体制机制和方式方法，推动群团组织增强政治性、先进性、群众性，发挥联系群众的桥梁纽带作用，组织动员广大人民群众坚定不移跟党走。全心全意服务职工美好生活需要，是新时代实现工会工作价值、加快实现国网河南经研院发展目标的内在要求。

职工诉求管理是指企业建立一定的渠道或平台，通过常态化、规范化、标准化的程序，及时高效处理职工对自身利益和企业发展所提出的合理需求和意见，以企业对职工的支持度和关心度，提升职工对企业的满意度和忠诚度。当前，公司和电网正处于高质量发展的关键阶段，多重任务、创新元素与现实约束交织碰撞，改革发展形势更加严峻，改革创新任务更加艰巨，同时，随着新生代职工数量的增加，职工诉求呈现多层次、多样化的特点，这些都为工会组织如何更好地开展职工诉求管理、不断激发广大职工的主人翁意识和干事创业的热情提出了新课题。

二、目标任务

坚持以人民为中心的发展思想和全心全意依靠职工办企业的方针，认真落实《国家电网公司职工民主管理纲要》《国家电网公司"十三五"民主管理行动计划》《国家电网有限公司职工诉求管理办法》等相关要求，以院全体职工为服务对象，采取"统一受理、集中议事、上下联动、限时办结"的服务方式，构建"一个机制、两个平台、两个抓手"的"1+2+2"职工诉求管理体系，畅通职工合法有序表达利益诉求的渠道，推动落实职工涉及企业发展、改革、稳定的意见和建议，了解职工对落实劳动保护措施、改善工作环境等方面提出的需求，解决职工生活困难或情绪问题、心理问题等，实现"职工诉求零障碍、扶困解难零缝隙、人文关怀零距离"，服务职工对美好生活的向往，构建企业和谐劳动关系，不断提升企业凝聚力和向心力，为加快建设国网一流省级经研院和河南省能源电力权威智库提供动力与保障。

三、项目实施情况

（一）项目组织

国网河南经研院职工诉求管理工作实行党组织领导、行政主导、工会牵头、多方配合的组织体系。院工会作为职工诉求管理的工作机构，负责职工诉求的征集、督促落实和答复反馈工作，涉及职工群众切身利益的重大事项，提请院党委研究决定；各部门、中心是职工诉求管理的配合部门，负责办理职责范围内的职工诉求事项，并及时向院工会反馈处理意见；各分工会在日常工作中主动关心了解职工思想状况，引导职工合理合法表达诉求，发挥基层组织细胞的积极作用。

（二）实施步骤

按照调研部署、实施创建、总结提升三个阶段，有计划、分步骤进行项目创建，确保稳步进行。

1. 调研部署阶段（2019年2—3月）

按照河南省电力公司工会关于开展2019年度职工民主管理工作创新活动安排，对照《国家电网公司"十三五"民主管理行动计划》《国家电网有限公司职工诉求管理办法》相关要求，深入调研、认真分析院民主管理工作现状，总结以往经验，分析存在的薄弱环节，确定选题方向，制订实施方案，启动创建活动。

2．实施创建阶段（2019年4—10月）

按照实施方案安排，全力开展2019年度职工民主管理工作创新活动，通过细致梳理，精益构造项目的各个环节，使各项工作有明显成效。

3．总结提升阶段（2019年11—12月）

在规范实施的基础上，组织开展项目成效自评、阶段性工作总结和业务整改完善，深化民主管理实践，系统总结成功经验，精益完善制度，固化工作流程，形成统一标准，推广创建成果。

（三）项目实施内容

1．建立一个机制，完善闭环管理

建立"统一受理、责任归口、跟踪督办、结果反馈"的工作机制，完善闭环管理机制，积极稳妥办理职工诉求事项。

（1）诉求受理环节。职工提出诉求事项，院工会及时进行登记，同时要与诉求人确认诉求内容的准确性，做到当日受理、即时记录。对于明显不符合国家政策、企业规定和管理要求的，院工会直接沟通答复，必要时通知所在部门、中心协助解惑释疑；涉及职工群众切身利益的重大事项，由院工会提请院党委研究决定，并根据院党委研究结果进行答复。

（2）责任归口环节。经确认后予以受理的事件，院工会按照业务工作、经营管理、个人生活、法律援助、心理咨询等进行分类，并根据诉求的类别和内容，分解到相关责任部门，进行落实解决。对于无法由单一部门或中心解决办理的诉求，组织召开相关部门、中心会议，针对员工诉求事项进行议事，做出会议决定。

（3）跟踪督办环节。诉求事项办理的牵头部门对职工诉求深入研究，提出处理意见，落实解决或给予合理解释，并将办理结果以书面形式反馈至院工会。院工会及时跟踪诉求事项办理的全过程，督促和监督承办部门、中心按照规定期限办结，无法按时办结的，及时做好解释说明和备案工作。

（4）结果反馈环节。诉求事项办结后，院工会及时将受理事项的结果，以电话或当面告知的形式反馈或回复诉求人。对于特殊诉求事项，由于受企业、行业所限，涉及社会其他层面或其他单位的历史遗留问题，无法解决或短时期内无法解决的诉求，详细向诉求人做好说明及解释工作。

（5）满意度调查和归档。对于办理完毕的诉求事项，院工会通过"电话回访""问卷调查""现场答复"等方式，适时对诉求人进行回访，开展满意度调查，及时改进工作。对已办理完毕的诉求事项进行整理、归档保管。

2. 打造两个平台，畅通表达渠道

（1）线下平台：多管齐下。通过多种渠道了解职工诉求，征集意见建议。一是职代会召开前、召开中、闭会期间提交和职工代表巡视过程中收集到的各种意见和建议。这类意见和建议主要聚焦经研院经营管理、业务工作、队伍建设、文化建设、职工福利等方面亟待解决的突出问题，对推动经研院高质量发展最有借鉴价值，也是充分体现厂务公开、民主管理、队伍正能量的集中体现，是推进办理的重点。二是组织召集职工代表组长、工会委员及分工会负责人，对福利采购、职工疗养、评先推优等涉及职工切身利益的事项进行充分讨论，审议通过9项重大事项、实施细则和活动方案。三是常态化开展合理化建议月活动，征集建议29条，召开职工合理化建议办理情况通报会，对采纳办理情况进行答复，并评选出5条"金点子"、10条"银点子"。四是坚持每季度征集职工意见建议，及时了解职工诉求，督促责任部门积极办理，及时就办理情况与职工进行面对面答复。五是召开院长联络员座谈会，征集到关于机制建设、队伍建设、职工关爱等方面的35条意见建议，充分发挥联络员的桥梁纽带作用。

（2）线上平台："1+n"微信群。立足国网河南经研院员工队伍年轻、学历高、富有朝气、对新鲜事物接受程度高的特点，充分运用线上平台，健全"1+n"微信群平台，积极推广"互联网+"职工诉求管理模式，开展职工诉求征集与办理工作。一是以一个经研院微信群为线上主阵地，及时发布国家电网有限公司、河南省电力公司和经研院层面各类与职工工作、生活密切相关的信息，并及时收集职工回复反馈，加以分析甄别，作为不断改进工作的支撑。二是以不同职工群体为划分依据，建立n个部门（中心）、党支部、分工会小微信群，及时发布和收集各种专业领域与职能职责范围内的信息，提高部门、中心间的协同能力和反应速度，赋予广大职工更为宽泛、有力的话语权，迅速解决临时突发、关注度高的日常问题，激发职工的积极性、主动性和创造性，实现职工诉求管理"畅渠道、宽路径"的目标以及职工自发、自觉、自主参与企业民主管理工作的新局面。

3.用好两个抓手，实现双维双赢

（1）厂务公开：构建和谐劳动关系。厂务公开是实现职工参与企业民主决策、民主管理和民主监督的有效制度。职工知厂情，是职工民主参与和民主管理的前提条件。做好厂务公开，加强领导班子与职工群众之间的双向沟通，架起相互理解、相互信任、相互支持的桥梁，就能够进一步密切党群、干群关系，有效地调动干部和职工的理性表达诉求的积极性，有利于协调与稳定企业的劳动关系。

国网河南经研院工会坚持把厂务公开作为推进职工诉求管理的重要抓手，不断拓宽厂务公开的途径和范围，打造阳光企务，引导职工"愿意说、好好说"。一是明晰公开范围，企业重大决策问题、企业生产经营方面的重要问题、职工切身利益方面的问题、与企业领导班子建设和反腐倡廉密切相关的问题，如机构调整、人员分工、职工福利等职工普遍关心的热点难点问题，做到"常规性工作定期公开、重大事项全过程公开、热点事项及时公开"，让广大职工拥有知情权。二是坚持定时公开与随时公开相结合、实体公告栏与电子公告栏相结合的方式开展厂务公开工作，并持续开展民主管理"微传播"，以院网站、微信群为主阵地，发布院重大奖项、重点项目攻坚、员工培训等最新信息，倾听职工意见建议，充分保障员工的知情权、参与权、表达权和监督权。三是认真落实河南省电力公司企务公开"531"工作法，严格按照河南省电力公司企务公开工作细化分解表建立院企务公开工作台账，确保公开内容痕迹化、全覆盖、无遗漏。四是以专业室为阵地，在河南省电力公司系统内率先开展"阳光班务 温馨小家"班务公开试点建设，促进厂务公开工作在基层一线落地落实，更加规范化、透明化、民主化。

（2）文化建设：营造温馨家园氛围。文化是企业之魂，是最高层次的管理。关注职工心理需求，强化企业人文关怀，打造共同的目标愿景，营造温馨和谐的家园氛围，真正实现对职工的理解、尊重、关心和爱护，这是企业对职工自上而下的更高层次的沟通。加强文化建设，能够使职工以企业的共同目标为导向，抵抗消极思想，提升团队斗志，为促进企业和职工共同成长提供源源不断的正能量。

国网河南经研院始终秉持"文化立企"的理念，针对职工普遍年龄轻、学历高的特点，开展特色文化活动，营造"家文化"氛围，把经研院"大家"的关怀与温暖传递给每位职工的"小家"，以"大家"和谐促"小家"温暖，以"小家"幸福促"大家"发展，不断提升员工归属感和幸福感，打造"阳光经研"。

一是加强人文关爱。贯彻落实职工重大事项"十必报"制度，坚持为职工送夏凉、送冬暖，今年以来共慰问项目攻坚团队10余个，住院、婚育、子女升学职工50余人次。响应市总工会号召，完成全院职工工会会员卡办理和激活，协调公交公司为职工充值绿色出行基金。深度关注职工所想所需，加强横向协同，积极促成健康讲座、配备折叠工作台、消防演练活动等需求的落实解决，配合相关部门服务院注册咨询师取证考试，为院职工健身活动室和各分工会补充配备健身器材。联合兄弟单位规模化采购职工生日蛋糕，争取更大优惠力度，让职工获得更多实惠。传统节日为职工发放节日福利，努力提高职工的归属感和幸福感。

二是丰富文体活动。健康的身体和乐观的精神是经研人最宝贵的财富。倡导"健康生活、快乐工作"的理念，立足国网河南经研院实际，融合传统文化，举办新春嘉年华、闹元宵猜灯谜、趣味运动会、经研花木兰、经研开放日等特色活动，设计制作活动海报20余张，出品原创文化产品6册。依托院11个文体协会，积极开展球类、健身、瑜伽、书法等活动，持续开展工间操和健步走活动，引导职工健康生活、快乐工作。选拔运动员参加河南省电力公司2019年职工运动会，与公司本部组成足球联队，以豫中一赛区第二名的成绩杀入决赛，展现朝气蓬勃的精神面貌。组织职工参加郑州市"惠享幸福 互助同行"健步走、市能源石化工会职工拔河比赛、趣味运动会和职工书画展等活动，展现了"专业我最强，身体我最棒，娱乐我最狂"的经研风范,进一步激发了队伍的健康活力,"阳光经研"文化品牌的影响力和美誉度不断增强。

四、项目成效

1. 进一步增强了职工诉求管理工作的针对性和实效性

通过构建和运行"1+2+2"职工诉求管理体系,畅通职工利益诉求表达渠道,将解决职工合理诉求纳入制度化、规范化、常态化的轨道,实现了职工诉求管理工作的闭环管理,形成了纵横联动的工作机制,不断提升院职工民主管理质量和效能,进一步激发了工会的桥梁纽带作用,有效提升了企业决策的科学性和企业管理水平,实现企业与职工的良性互动,进而维护企业和谐稳定、凝聚发展合力、提高管理效率。

2. 进一步提升了职工的获得感与幸福感

完善的职工诉求管理体系加强了企业与职工之间的信息沟通,增进了交流,加深了理解,消除了误会与隔阂,营造了企业既充满活力又和谐有序的氛围,在企业与职工间架起了一座"连心桥",让职工充分感受到了被尊重、被重视、被理解,有效平复和缓解了员工的焦躁情绪,提升了员工的心理资本和幸福感。全体干部职工思想稳定,乐观面对工作,积极勇挑重担,只争朝夕、干事创业,自觉将个人提升融入经研院发展,与企业同成长、共进步。

3. 进一步促进了经研院的和谐健康发展

通过员工诉求的科学管理,进一步促进职工直接参与企业管理,实现了员工的自我价值,提升了职工的主人翁意识,增强了归属感与向心力。全院干部职工以饱满的热情和高昂的斗志投入到经研事业中,开创了各项工作新局面。2019年,国网河南经研院全面落实公司党委重大决策部署,牢牢把握"两个不出事""四个百分之百"工作主线,深入践行"责任、领军、阳光"理念,圆满完成年度目标任务,安全生产保持良好局面,各项工作取得新成效、新突破。能源互联网经济研究中心获批组建,能源大数据应用中心、兰考能源互联网平台建设列入国家电网有限公司泛在电力物联网综合示范项目,省长尹弘高度肯定能源大数据应用中心建设成效。规划、评审、技经、设计核心业务扎实推进，高质量支撑公司和电网发展。国网河南经研院连续七年被评为公司综合考核（业绩考核）A级单位，获得省部级及以上荣誉17项，展现了奋发有为、蓬勃向上的新气象。

五、下一步工作计划

1. 继续完善提升

进一步探索职工诉求管理的渠道途径，不断推动职工诉求管理制度化、规范化、程序化。以职工满意为标准，建立职工群众常态反馈机制，边实践、边整改，不断发展完善相关民主管理制度。

2. 健全长效机制

全面梳理创建活动取得的实践成果、制度成果，把成功做法经验化、有效措施制度化，使总结过程成为认识再提高、措施再完善、工作再推进的过程。建立健全相关制度和计划，不断完善职工诉求管理长效机制。

3. 创新活动载体

紧紧围绕经研院党委工作部署和年度重点工作，不断创新职工诉求管理的活动载体、丰富活动内容、深化活动内涵，充分调动广大职工参与经研院发展决策的积极性，以民主管理水平提升持续推进经研院高质量发展。

"网实一体化"职工诉求服务体系的实践与探索

李彦兵　郭耀峰　刘绍锋　裴军辉　徒艳丽

（国网许昌供电公司工会）

2019年度，国网许昌供电公司工会在河南省电力公司工会和公司党委的坚强领导下，牢牢把握新时代工会工作定位，贯彻落实省公司工会工作部署和《国家电网公司"十三五"民主管理行动计划》，坚持全心全意服务职工美好生活需要和依靠职工办企业的方针，充分发挥工会组织桥梁纽带作用，不断深化职工诉求管理成果应用，畅通职工合法有序表达利益诉求的渠道，多元化拓宽职工民主参与路径，构建企业和谐劳动关系，促进企业和职工共同发展。

一、职工诉求管理工作实践

（一）健全完善管理机制，为职工诉求管理深化应用提供组织保障

一是高度重视，加强职工诉求管理深化应用方案的编制。以总经理办公会、专题研讨会等形式针对职工诉求管理深化应用工作方案的编制开展研讨，公司领导参与方案的修订编制，为工作的持续推进提供有力支撑。二是强化项目应用方案完善的全过程意见收集。在开展方案修编过程中，全方位广泛地征求职工代表、基层员工意见建议，确保方案编制的群众性、实操性和民主性。三是顺应形势，完善机制，确保方案实施的便捷高效。落实反对形式主义为基层减负工作要求，简化职工诉求流程步骤，变量化考核为督导通报，编制《国网许昌供电公司职工诉求管理深化应用实施方案》，保证深化方案操作的简便、快捷，务求实效、长效。

（二）搭建"网实"职工诉求平台，完善工会服务职工新矩阵

一是优化流程，做优做实网络阵地。在前期试点运行的基础上，修订完善职工诉求管理流程，简化流转环节 2 个。内外网相结合，改版完善"总经理信箱""职工之声"微信公众号建设任务，为职工提供一站式诉求管理平台，构建快速、便捷表达路径，为职工打造互联互通、智能引导的"指尖上的'职工之家'"。二是多措联动，畅通多方式网下职工诉求实体渠道。设立电话互动，统一公司、公司所属单位、县级供电企业等三级单位、班组（站、所）的诉求服务内部电话，设立专人负责，确保工作时间有人值守，业余期间呼叫转移有人接听；设立统一诉求服务意见箱，在公司办公区开设实体意见箱，定期由专人负责收集、管理和反馈；设立领导接待日制度，按照值班安排，由领导小组成员定期到诉求管理服务办公室接受职工来访，现场与职工沟通交流互动。三是整合资源，建设实体诉求阵地。以标准化建设为目标，结合《国网许昌供电公司职工诉求管理深化应用实施方案》，整合原有场地资源，在职工文体活动中心建设的基础上，筹建实体化职工心理辅导室，邀请专家开展阳光心理辅导。四是结合"不忘初心、牢记使命"主题教育活动，开展基层主题走访调研。公司领导根据实际工作，以分组包片的方式，定期深入基层班组（站、所），了解一线职工的需求，解答职工关心的热点问题，宣传有关政策法规，由被动等诉求转变为主动寻诉求。五是了解职工动态，扎实开展职工诉求调研。按照河南省电力公司统一安排，由公司工会牵头，以 10 个方面的内容为调研主线，组织召开调研座谈会 8 场，发放调研活动问卷 288 份，内网电子邮件回复 449 条，深入基层单位、班站所、施工建设现场 12 处，调研走访职工 77 人，扎实开展市县一体化诉求调研。

（三）强化过程监督管控，保障职工诉求渠道闭环运行管理

一是协同配合，完善职工诉求管理过程机制。以网上网下的渠道，建立"三级诉求体系"，即公司工会第一级，解决公司层面职工共性诉求；基层工会第二级，做好本单位一般诉求的落实；班组为第三级，向班组成员提供最直接的帮助。构建"统一受理、分类议事、责任归口、跟踪督办、受理反馈、定期汇报"的工作流程，积极稳妥地办好职工诉求事项，切实为职工群众服务。

二是动态跟踪,扎实开展诉求工作项目后评估。动态掌握职工诉求行为与内容的变化,重点关注诉求服务过程中关键环节的处理效率和质量,年终开展职工诉求管理满意度评估调查,及时反馈满意度情况,总结和提升工作质量,及时发现职工诉求服务工作存在的不足,提出改进提升措施。

(四)加强诉求渠道共享融合,提升职工诉求大数据分析质效

一是注重优化体系运作,实现效能叠加。将"网实"诉求平台融入工会工作流程中,确保"一体化",避免"两张皮"。进一步完善线上线下联动机制,做到职工线上有需求点击,线下实体及时跟进,快捷回应并帮助解决问题,确保线上服务畅通、线下服务到位,实现"网实阵地"互为依托、效能倍增。二是注重数据分析成效,树立大数据应用思维。注重职工基础数据的收集、隐私保护,逐步建立工会诉求服务大数据库。强化数据辅助分析、指导工作,运用数据分析成果,研究不同年龄段、不同岗位职工的诉求重点,掌握服务偏好、活动参与程度,为合理配置实体资源、优选服务项目、更普惠地开展服务提供依据。三是定期开展职工诉求动态调研,及时掌握职工思想动态。按季度上报分工会职工动态分析报告,及时了解和掌握员工思想动态,持续关注掌握职工思想情况,把握思想脉搏,控制合理预期。年内完成职工思想动态报告两期。

二、深化职工诉求管理的思考

处于新时代、新时期,职工思想和诉求呈现更加多元化、构建职工诉求流程更加简便、回应更加高效已经是大势所趋。针对前期工作中出现的工会搭建职工诉求平台相对单一、职工表达诉求积极性偏低、部门协同办理职工的个别诉求时效滞后等问题,需要进一步站在职工的角度去思索,加大工作推进落实力度,及时高效办理职工生产生活中遇到的困难和对企业发展的意见建议,确保职工诉求件件有着落、事事有回音,营造公司人和企兴的新局面。

(一)坚持不断拓宽职工诉求渠道

在优化整合公司总经理信箱、"职工之声"微信公众号、电话服务热

线功能应用的基础上，开设职工诉求服务专用邮箱，设立分中心联络员，组建分中心联络员微信群，建成运行实体化职工诉求服务中心，依托多种渠道搭建职工有所求、企业有所应的快速收集、回应新格局。

（二）坚持不断完善工作运行机制

落实《国网公司职工诉求管理办法》，充分发挥职工诉求议事委员会、职工诉求服务分中心及服务站的作用，实行职工诉求"网格化"服务，明确各级职责权限，统一管理制度、工作流程和台账格式，以高效、闭环的组织体系支撑职工诉求管理的顺畅运行，确保职工合理合法诉求的实现。

（三）坚持不断强化培训引导

在职工中广泛宣传公司系统政策形势、制度文件、会议精神等，广泛宣传开通的职工诉求渠道，引导职工合理合法表达诉求。组织职工诉求服务分中心、服务站负责人和分中心联络员专题培训，每年组织一次交流座谈，总结好的经验做法，切实把职工诉求管理做细做实。组建职工诉求中心服务团队，吸收公司各专业技术专家、有律师资质人员，引入社会心理咨询师，为职工提供差异化、多样化、一对一诉求服务。结合日常开展的访谈谈心、心理辅导、阳光讲座、关爱活动等，引导职工健康生活、快乐工作。

（四）坚持不断深化评估分析

以提升职工满意度为出发点，每年定期开展专题问卷调查和现场调研，对实际运行中出现的问题及时纠偏。加强职工诉求趋势分析，归类整理职工诉求个性特征、行为方式，识别、预判职工潜在诉求及变化趋势，掌握职工日常和公司重要时段的总体思想动态，为进一步主动服务职工、办好职工诉求、完善服务体系建设奠定基础。

国网许昌供电公司工会将坚决贯彻执行国家电网有限公司和河南省电力公司工会关于构建职工诉求服务体系的各项部署，不断激发基层工会组织的责任感和使命感，找准服务公司工作的着力点和契合点，力争把职工诉求服务体系这件实事办实办好，动员全体职工在奋力助推公司"三型两网"世界一流能源互联网企业征程中贡献力量。

多维施策 构建具有周口特色的
职工诉求服务管理体系

包哈达 潘红梅 秦跃杰

（国网周口供电公司工会）

一、项目实施背景

新时代我国社会主要矛盾已转化为人民日益增长的美好生活需要和不平衡不充分的发展之间的矛盾。必须坚持以人民为中心，把人民对美好生活的向往作为奋斗目标，依靠人民创造历史伟业。永远把人民对美好生活的向往作为奋斗目标。进入新时代，面对职工思想和诉求多元化的现状，构建职工有所求、企业有所应的诉求服务体系，统一思想、凝聚人心、化解矛盾、构建和谐显得尤为重要。

在此背景下，国网周口供电公司工会针对职工诉求管理工作中存在的诉求渠道单一、诉求路径不畅、职工诉求意愿较低、诉求机制不完善等情况，以民主管理为主线，以化解矛盾、构建和谐为根本，以助推公司和电网高质量发展站上新台阶为导向，围绕凝心聚力、提质增效整体工作目标，结合职工关注热点、需求重点和诉求焦点，上下联动，多方协同，多维施策，创新民主管理工作路径，构建具有周口特色的职工诉求管理体系，确保职工诉求的表达和诉求事项的优质高效办理，以不断满足职工日益增长的美好生活向往和多元化诉求需要。

二、主要做法

国网周口供电公司职工诉求服务管理体系坚持从公司领导、公司工会、公司分工会、一线班组四个维度综合施策，力求多方位、无死角解决职工日益增长的多元化诉求。

（一）建立公司"领导开放日"制度

为进一步拓宽和畅通沟通交流渠道，加强公司领导同员工、基层一线和广大客户之间的联系，及时解决企业发展、优质服务及职工诉求等方面的问题，更好地为公司高质量发展建言献策，国网周口供电公司建立了公司"领导开放日"制度。公司全体员工、离退休人员每月第二周星期二可围绕公司执行国家政策法律法规、改革发展、各级领导班子建设、干部廉洁自律、组织人事、行政管理、后勤服务、权益保证等方面问题提出自己的意见建议和需要反映的情况，公司领导及各职能部门根据职工所反映问题、意见建议情况及时作出答复。国网周口供电公司领导开放日活动流程图见图1。

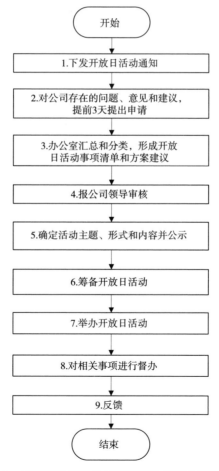

图1　国网周口供电公司领导开放日活动流程图

（二）完善职工诉求服务管理体系

1. 完善职工诉求服务组织机构

成立以公司纪委书记、工会主席为组长，公司副总师为副组长，各职能部门、分工会主席为成员的职工诉求服务中心工作组，保障公司职工诉求服务管理制度执行力度。

2. 健全职工诉求服务管理流程

受理和办理职工诉求事项，按照"统一受理、集中议事、责任归口、跟踪督办、受理反馈、汇总上报"的工作机制闭环运行。

（1）诉求事项受理。一是职工诉求服务中心办公室对职工诉求事件及时记录，同时要与诉求人确认诉求内容的准确性，做到当日受理、即时准确记录。二是职工诉求服务中心办公室接收到的诉求要求，经确认后予以受理的事件，诉求服务中心按照组织人事、电网建设、运维管理、营销服务、后勤保障、安全生产、党的建设等进行分类。

（2）诉求事项办理。一是诉求事项确认后，诉求服务中心办公室将诉求事项提交职工诉求服务中心工作组审议，在 3 个工作日内确定诉求事项办理的成员或部门，将诉求事项转到相关部门办理。二是职工诉求服务中心针对诉求内容，对于无法由单一部门解决办理的诉求，组织相关部门协商，针对诉求事项做出决定。相关部门针对诉求事项，按责任归口办理，提出明确意见或切实可行的解决办法。三是相关部门及时办理诉求事项，并在 5 个工作日内将处理意见以邮件形式返回至诉求服务中心。四是相关责任部门无法按时办结诉求事项的，诉求中心要定期跟踪，督促和监督承办部门责任人，尽快办结，同时告诉诉求人事项办理进展情况。五是诉求事项办结后，诉求中心应进行归档管理。

（3）跟踪与督办。诉求服务中心办公室及时跟踪诉求事项办理的全过程。督促和监督承办部门负责人按照规定期限办结。无法按时办结的，由相关部门提供无法办结原因的书面材料，交诉求服务中心办公室上报工作组审定，诉求服务中心办公室及时做好备案工作。

（4）反馈与回复。一是诉求事项办结后，诉求服务中心应在办结后 2 个工作日内，以电话或邮件形式将办理结果反馈或回复诉求人。二是对于特殊诉求事项，由于受行业所限，涉及社会其他层面或其他单位的历史遗留问题，无法解决或短时期内无法解决的诉求，要详细向诉求人做好说明及解释工作。

（5）汇总与上报。经职工诉求服务中心工作组确认无法办理的诉求事项，由职工诉求服务中心办公室整理汇总，并及时上报。

（6）满意度调查。诉求事项办理结果反馈给诉求人后，职工诉求服务中心相关人员要进行满意度调查，并将满意度调查结果进行归档记录并反馈给责任承办部门，对于满意度较低办理事项涉及承办部门进行通报。国网周口供电公司职工诉求管理工作流程图见图2。

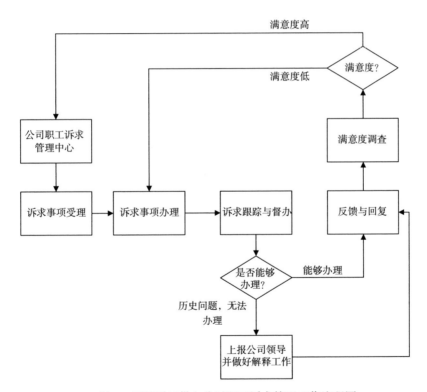

图2　国网周口供电公司职工诉求管理工作流程图

（三）建立职工诉求服务中心

国网周口供电公司职工诉求服务中心采取线上和线下相结合的方式运营。线上中心依托公司工会工作群、诉求服务中心办公邮箱、诉求热线等方式开展，主要适用于现阶段疫情防控下在家办公、一线偏远变电站、供电所职工。线下中心依托公司工会职工诉求室、诉求中心专兼职接待人员开展，主要适用于年龄偏大线上方式使用不便、诉求线上方式不便表达的员工。下一阶段，国网周口供电公司工会将利用现有资源，打造诉求减压一体化管理中心，实现公司诉求服务中心的多元化利用。

（四）设立职工诉求服务分中心

公司各分工会作为与公司职工联系最密切、距离最近的工会组织，在与职工沟通、为职工排忧解难方面具有得天独厚的组织管理优势。根据这一特点，国网周口供电公司工会依托各分工会现有组织框架，发挥各分工会组织优势，打造各分工会职工诉求服务分中心。各职工诉求服务分中心主任为各分工会主席，成员为分工会委员会委员及各一线班组班站长。职工诉求服务分中心的主要职能有：收集分工会职工诉求，做好各分中心职工心理疏导，对于分中心能够解决的诉求及时解决，对于分中心不能解决的问题及时上报公司职工诉求服务中心。职工诉求服务分中心工作流程图见图3。

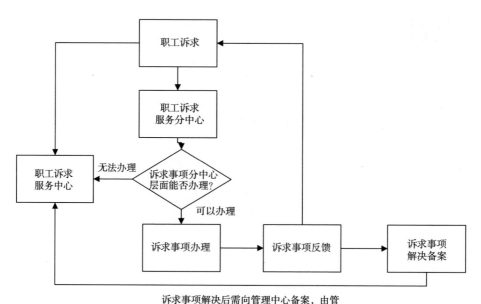

图3　职工诉求服务分中心工作流程图

（五）坚持班务公开建设工作

严格落实《国网河南省电力公司班组建设三年（2017—2019 年）行动方案》要求，推广信息化建设，改善工作条件，开展班站长厂务公开制度与心理疏导能力培训。上下联动，多措并举，建成公司系统 40 个"阳光班务，温馨小家"试点，通过大事小事全员参与，保障职工对班组工作的知情权、参与权、监督权。同时，心理课程的培训使班站长管理能力进一步加强，一线员工心理问题得到及时解决，部分劳资矛盾达到了在萌芽状态即解决的目的。

三、项目成效

通过多维施策，目前国网周口供电公司职工诉求服务管理体系构建完备，上下沟通路径多元且通畅，公司整体和谐有序，员工幸福感、归属感、获得感得到有效提升，公司工会"娘家人"的称号更加实至名归。

"指尖职工之家"聚民心
"创新民主管理"促和谐

韦 静 杜 冰 王文博 景冬冬 黄小玉

（国网河南电科院工会）

国网河南电科院（以下简称"电科院"）作为国网河南省电力公司技术支撑和业务实施机构，持续发挥河南电力系统技术监督、技术服务、技术开发、技术信息"四个中心"的作用。截至 2020 年 1 月，电科院（不含两中心）共有工会会员 248 人，其中本科及以上学历占职工总数的90%以上，教授级高工 34 人，副高级职称 152 人，各级各类专家人才 26 人。

近年来，电科院工会深入贯彻《国家电网公司职工民主管理纲要》，不断提升职工民主管理质量和效能，结合工作实际，开展民主管理创新活动，从尊重职工主体地位、关注职工切身利益的角度出发，将微信公众平台引入职工民主管理，开创了指尖上的职工之家，打通了职工民主管理的"最后一公里"，有效凝聚了员工的智慧和力量，构建了和谐稳定的劳动关系。

一、实施背景

当下，随着现代信息传播技术的飞速发展，网络新媒体时代、社交媒体时代、全媒体时代已经到来。互联网深刻改变了每个人的生产生活方式，媒介生态和舆论生态不断被重塑，网络成了主要的交流传播方式。"互联网＋民主管理"成为企业民主管理工作的时代强音。

（一）民主管理的新需求

民主管理作为现代企业管理的一种基本形式，体现了以人为中心的管理思想和职工在实施民主管理中的主体地位。保障职工依据法律和制度行使民主管理权利、参与企业管理决策，是职工民主管理的重点和难点。随着电力企业的改革，职工的工作环境、工作方法及生活方式也在发生较大变化。不同工作岗位、年龄层次、知识技能水平的职工思想状态各不相同，如何创新民主管理，进一步凝聚职工的智慧和力量，构造和谐稳定的劳动关系？这些都对民主管理工作者提出了新的要求和挑战。

（二）企业发展的原动力

创新企业民主管理，是促进企业迅速发展的动力，也是团队凝聚的源泉。企业任何发展战略都需要职工来完成，发展难题必须依靠职工来解决，发展目标需要职工来实现。坚定职工决心，调动职工工作积极性，形成想发展、谋发展、促发展的和谐氛围是企业生存与发展的关键。因此，了解和把握职工思想动态，切实尊重职工，确保职工充分发挥其参与权、表达权、知情权、监督权，能有效激发职工为推动企业发展贡献力量。

（三）员工价值的新体现

随着经济社会的发展，职工的生活条件持续得到改善，在物质需求得到不断满足的同时，其精神文化需求也在不断增长。职工的思想认识和价值需求呈现多样化和复杂性化，因此，贴近职工"心田"，贴近职工需求，创新民主管理，能够提高每一位职工的主人翁意识，提高企业的向心力和凝聚力。

二、内容

（一）基本内涵

将微信公众平台引入职工民主管理，开创指尖上的职工之家，站在"以人为本"的角度，面对面"零距离"倾听职工心声，变堵为疏，巧解职工"心结"，创新构建和谐劳动关系，聚人心，鼓士气，催生职工奋发向上的勇气，打造"服务职工、凝聚职工、带动职工"的服务品牌。

（二）主要内容

电科院微信公众号围绕统一的 IP 形象——"豫电小智"展开，公众号把凝聚职工队伍，促进民主管理和企业发展作为重要使命，设置小智发布、小智问答、关于小智三个栏目。

1. 小智发布

小智发布塑造小智形象，打造小智品牌，下设三个子栏目。

小智课堂：科普与生活密切相关的电力常识。

小智足迹：展示职工的工作动态，技术创新，荣誉成果，人物风采。

小智诉说：接收职工合理诉求，实现企业与职工的双向互动，维护职工合法权益。

2. 小智问答

小智问答为职工提供互动通道，下设三个子栏目。

小智家族：展示专业领军人物，发挥劳模及优秀员工的示范、引领和辐射作用，为优秀职工提供展示平台。

如何提问：提供互动指导，保证每一位职工能够正确参与民主管理。

问答集锦：展示职工精彩问答，激励广大职工参与企业管理，争做企业主人。

3. 关于小智

关于小智全面介绍企业及团队情况，下设三个子栏目。

企业简介：展示企业概况、专业领域、荣誉成果等。

实验室：展示培育职工的平台。

攻关团队：展示科技攻关团队风采，激励科技人员业务素质和创新能力的提升，牢固树立"创新为魂"的理念。

三、主要做法

1. 贴近职工"心田"，实现理念引领，服务职工群众

公众号围绕民主管理、职工队伍提升、企业发展，突出理念引领主线，推进职工"心田"建设。

实现"三凝聚"："三凝聚"即凝聚爱心、凝聚智慧、凝聚力量。将

微信公众平台引入职工民主管理，以职工最关心、最直接、最现实的利益为重点，认真倾听职工呼声，关心职工工作、生活问题，努力为职工办实事、做好事、解难事，履行好工会是职工"第一知情人""第一报告人""第一协调人""第一监督人"的职责。职工群众的聪明才智和创造活力是企业发展的力量之源。企业实现科学和谐发展，必须依靠科技进步和职工素质的提升；必须依靠广大职工团结一心，锐意进取，创新开拓；必须一如既往地尊重职工的主人翁地位和首创精神，切实把他们的积极性、主动性、创造性调动好、保护好、发挥好。

树立"四观念"：一是树立"家庭"观念，增强自豪感。在广大职工中形成并深化"企业是我家"的认同感和归属感。二是树立"责任"观念，提升使命感。引导广大职工自觉把个人价值追求与企业发展目标紧密连接和融合。三是树立"作为"观念，做好主人翁。引导广大职工立足岗位，把"小岗位"作为大舞台，在平凡的岗位上创造出不平凡的业绩。四是树立"提升"观念，推进创先争优。通过立体化全方位地开展劳模选树宣传，发挥劳模及优秀员工的示范、引领和辐射作用，营造人人争当先进的浓厚氛围。

注重"五融合"：将微信公众平台引入职工民主管理，注重与企业的中心工作相融合；注重与提升职工素质相融合；注重与和谐建设相融合；注重与外树形象相融合；注重与提振士气相融合。坚持满足职工精神文化需求，突出主题，弘扬精神，鼓舞士气，推动职工文化和企业文化建设。

2. 贴近职工需求，实现共享互动，激励职工成才

将微信公众平台引入职工民主管理，发挥工会"大学校"作用，形成学习共享与互动的组织氛围，引领职工爱岗敬业，拼搏奉献，打造一流职工队伍。

3. 贴近企业发展，实现人人参与，保护职工权益

将微信公众平台引入职工民主管理，完善以职工代表大会为基本形式的民主管理制度，保证每位职工有畅通的渠道参与企业管理，为企业发展提供合理建议，使职工成为企业的主人，这正是企业民主管理的本质所在。

四、实施效果

电科院通过座谈交流、数据对比等方法，对微信公众平台引入职工民主管理的工作模式进行了综合评估，客观评价了项目实施效果。

（一）推动构建新型和谐的劳动关系

"互联网+"民主管理方式的逐渐完善，为职工积极参与建言献策、有效监督创造了更好的环境，职工参与民主管理越来越简单、便捷，民主管理的氛围也越来越浓郁。电科院微信公众平台开通"小智诉说"栏目一周以来，受理职工诉求数量为3.2条/日，办理率为100%，并在办结诉求后2个工作日内，诉求服务中心均以电话或邮件形式将办理结果反馈至诉求人，极大地提高了职工的积极性和主动性。做主人翁，尽主人责，已逐渐转变为职工的自觉行为，职工的信任感、归属感、亲近感和依附感逐渐增强，呈现出共建和谐、共享和谐的浓郁氛围。

（二）保障职工的合法权益

创新民主管理模式，以双维双赢为主线，以维护职工合法权益为根本，保证职工反映的问题得到妥善解决，从源头上确保职工合法权益的维护，增加了职工的归属感和主人翁意识。

（三）凝聚职工建功新时代的磅礴力量

创新民主管理，是团队凝聚的源泉。通过公众号创新民主管理，充分发挥职工创新实践的主体性，维护职工队伍的稳定，凝聚磅礴力量，建成"知民情、了民意、解民忧、助发展"的亮丽名片，积极促进创新之家、和谐之家、温暖之家、活力之家建设，促进电科院核心竞争力的巩固提升。

加快民主管理效能提升的深化与创新

李超 李华 孙启峰 张晓东 邢福轲

（国网鹤壁供电公司工会）

加强民主管理，创新改革体制，实现企业经营管理有序开展，是推动企业实现自主经营、自我发展，更好适应当今社会发展需求的必然途径。作为电力企业，要紧跟时代发展步伐，深化经济体制改革，逐步实现由传统管理向现代化企业转型，真正做到有条不紊，推动企业和谐稳步发展。

国网鹤壁供电公司工会通过深入开展学习党的十九大精神，认真剖析民主管理现行体制中的不足，并从员工切身利益出发，与实际情况相结合，集思广益，充分发挥工会作用，提出了一些切实可行的创新举措，为民主管理更好的实施提供了有力保障。

一、深入贯彻工会制度，夯实民主参与基础

作为民主管理的职能部门，工会肩负着保障企业员工权益的重任，是中国特色社会主义制度在企业中体现的重要载体。加强民主管理，就要充分发挥工会在电力企业中的职能作用，引导员工更加积极地投身到企业的经营发展中，要始终坚持以人为本的管理理念，深入贯彻工会制度，提高其在企业经营管理中的地位与权利，强化工会职权范围，依托工会制度法律保障，夯实群众基础，在完善企业经营结构的同时，进一步凸显工会在企业管理中的作用，开辟多样化的民主参与渠道，使民主管理渗透到企业管理结构的方方面面，让员工做企业真正的主人。

二、完善公开制度，规范企业管理行为

真正意义上的民主需要同时满足公开、公平、公正，缺一不可。加强

民主管理，首先要做到信息公开化，通过通知、公文、网络窗口等多种形式，及时传达与员工切身利益相关的一切有效信息，真正落实员工享有的合法的知情权。但目前看来，现行的公开制度还存在着明显的不足与缺陷，出现了诸如公开不及时、流程不规范、内容有偏差等问题，难免会引发一些误会与认识的偏颇，滋生一些偏激的负面情绪，削弱了员工的工作热情与积极性。因此在接下来的工作中，应完善公开制度，进一步加强对企业管理行为的规范。

（一）拓展信息传播渠道，提高信息公开传播力

除了现行的公告栏通知及会议传达等形式外，国网鹤壁供电公司借助现有的成熟互联网工具，通过建立职工之家工会工作微信群、红色地带党群工作群，形成传播矩阵，有效传达企业重大决策及发展规划等信息，使员工能够及时准确地把握公司发展动向，了解与自身权益相关的信息，真正将企业与员工塑造成一个富有凝聚力的共同体。

（二）加强重视民主管理，充分发挥职能作用

在企业经营管理中，作为管理层应加强对工会的重视，在企业出现重大战略规划或制度改革调整决策时，应向工会及时传达相关思想内容，同时还应赋予工会组织传达企业信息的权利，使其在传播渠道中有绝对的操作权、行使权。

工会在接收到信息后，应充分利用传播渠道进行信息的传递，在员工接收到信息后出现疑惑等反应时，及时给予正确的解释，引导员工理解并消化。在涉及员工权益的信息时，应站在员工的角度上为员工争取更多的福利，并赋予员工发表言论与建议的自由，还应及时向管理层反映员工诉求，并督促企业作出积极回应。

（三）建立信息审核机制，保证公开信息的真实性

在企业信息传播之前，要做好对信息真实性的审核，通过建立科学合理的信息审核机制，对外公开的每一条企业信息都需要由发起人及相关宣传人员进行审核查验，并签字进行确认，保证信息公开化的真实性。由虚

假信息造成的不良后果也将对参与审核的各级人员追究责任，从而有效避免因出现虚假信息而对企业发展造成负面影响，破坏企业稳定发展的和谐局面。

三、发挥监督作用，拓展民主管理方式

企业员工可通过民主选举代表参与企业决策。诸多事实也足以证明，该制度在现代企业管理中的作用不可小视。一方面，员工代表作为员工的意见领袖，能够更好地解释企业政策信息，及时消除员工疑虑，保证制度更好地落实。另一方面，员工代表能够及时向企业管理层传达员工诉求，还能代表员工参与企业重大决策，真正实现民主。然而目前来看实施的状况并不乐观，出现了一些员工代表无法行使表决权与监督权，或者是员工代表自身素质低下，不具备行权履职的能力的现象。

（一）加强源头参与，完善员工代表选举制度

在选举员工代表时，制定明确的任职资格与能力标准，严格规范选举流程，采用公开选举的形式，杜绝作弊行为，使选举出来的员工代表在员工中真正拥有说服力和影响力，同时还要对选举的员工代表进行进一步审核。每年严格执行职工代表述职和评测，从而选拔出理想信念坚定、政治立场正确、品德作风良好，工作业绩优秀、履职能力较强的代表。

（二）明确员工代表职能，保障民主权利

为了使员工代表真正参与到企业的经营管理中，应明确员工代表的职能权利，避免企业管理层的不合理干预，从而有效保障民主权利，并与工会共同参与民主管理，使民主管理制度成为企业管理框架中不可或缺的部分。

作为员工代表应始终保持先进性，应始终坚定不移地为广大员工争取合理化权益，明确自身职能，坚决杜绝以权谋私，滥用职权的行为，要真正参与到企业的经营管理中，配合工会工作，充分发挥民主管理的作用。作为企业管理者应充分认识到员工代表工作的重要性，并且要给予充分的支持，在做出重大决策时要参考员工代表的建设性意见，尽量满足员工代表提出的关系员工切身权益的合理性需求。

四、完善素质培训体制，提高民主管理水平

现阶段企业员工对民主管理的认知存在明显的偏见，其根本原因在于民主管理部门整体呈现出的能力不足，而相应的工作能力培训体制又不够成熟，因此提高工会及员工代表的工作能力迫在眉睫。

随着企业的发展壮大，对民主管理水平的要求也日益苛刻。企业应采取有效措施完善培训体制，切实提高民主管理水平。

（一）加强学习，积极引入先进的管理理念

企业应加强对外沟通交流，积极引入一些先进成熟的管理理念，除了每年的职工代表培训，还应加强对民主管理涉及的部门开展专题培训，使其熟练掌握工作的技巧、方式等，还要认真学习并贯彻相关的法律与时事政策，明确部门职责，始终保持先进性。

（二）加强理念宣传，保证工作顺利开展

充分利用宣传渠道，对员工进行教育引导，使员工能够深入领会民主管理的核心思想，并得到认可，从而在民主管理工作中给予积极主动的配合和响应，保证工作开展的普遍性与有效性。

五、创新管理形式，实现民主管理多维度

围绕民主管理，除了现行的管理形式外，还应积极探索创新管理形式，充分发挥民主管理的作用，协助企业稳步发展。

（一）广开言路，及时掌握员工思想动向

建立互联网＋模式的管理体系，用互联网来完善工会的生态圈，通过网络体系建设使工会内部各级组织与机构互联互通，把所有职工"连接"在一起，鼓励员工为企业发展献计献策，挖掘"工会大数据"，拉近企业管理层与员工之间的距离，消除层级隔膜，积极听取或搜集员工意见或建议，扩大员工知情范围，使员工及时准确知悉企业发展与政策动向，增强企业归属感。

（二）完善福利制度，提高员工权益

从某种意义上讲，企业的发展也是员工自身价值的体现，企业应加强对员工权益的重视，通过完善现行的薪酬福利制度，加大相关信息的公开、透明，保证员工的知情权，使员工对自己的权益讲得清、抓得牢，进而调动员工的积极性。工会也应考虑转换工作方式方法，加大对薪酬福利的监管监督，这也是践行以人为本管理理念的充分体现。

如何以更好的姿态迎接党的十九大，为企业转型做出满意的答卷，这是从管理层到基层的每个职工都要创新研究的问题，作为现代化企业民主管理是不可或缺的重要组成部分，公司应认真贯彻以人为本的经营理念，使民主管理发挥出最大作用，切实营造出企业和谐稳定发展的良好局面。

"一会一栏一群"促班务公开规范化建设

王梦琦　张白林　孟长虹

（国网洛阳供电公司工会）

班组是企业的细胞，是企业加强民主管理的最基本单元。班务公开是企业民主管理中不可或缺的重要环节之一，是职工代表大会制度的延伸和发展，是发挥职工集体智慧，增强班组凝聚力、向心力，最大限度地调动职工的安全生产积极性的一条重要途径，也是充分体现职工当家做主、保障其主人翁地位和民主权利的有效形式。

国网洛阳供电公司自 2019 年在 15 个基层班组中开展了班务公开试点工作，并取得了初步成效。2020 年公司再次投入资金为 20 个基层分会的 85 个班组统一安装了班务公开栏，通过进一步细化和规范班务公开的内容、形式等，全方位、全过程地保障职工的知情权、参与权和监督权，从而全面推进班务公开制度在公司的实施。

在逐步推进、全面实施的基础上，国网洛阳供电公司积极引导基层班组，结合工作特点和实际，探索班务公开制度在班组的创新应用。公司以电力调度控制中心分会为试点，选取地区调度班、地区监控班、自动化运维班 3 个班组，通过建立"一会一栏一群"班务公开机制，探索班务公开在班组建设中的应用，不断提升班组建设与民主管理水平，增强班务公开透明度，保障职工对班组工作的知情权、参与权和监督权，推进班务公开规范化建设。

一、"一会"：召开平等交流的班务会

国网洛阳供电公司电力调度控制中心 3 个班组每周五主持召开一次班务会，总结上周工作、研究下一步工作计划、听取班组成员意见建议。班务会公布本周班组的工作任务及工作安排、班组成员的绩效考核结果、班

组成员的考勤情况、办公用品使用消耗情况、班组工作制度、工作流程的变更情况、班组推荐先进情况、班组其他应公开事项。

营造良好的交流环境，班长传达上级的工作安排和精神，工作中存在的不足与改进办法；班组成员对日常工作中遇到的问题和对规章制度存在疑惑的地方进行交流讨论，实时反映班组规章制度的执行情况，并对其进行优化提升，搭建良好的双向交流平台。同时，班组内各项事务的执行及相应制度的建立不仅征求班组成员的意见，还通过座谈会和民主生活会多方面听取不同的意见。

二、"一栏"：建设可视化的班务公开栏

国网洛阳供电公司电力调度控制中心严格按照《国家电网公司班务公开栏建设实施方案》并结合班组实际情况建立了班务公开栏。班务公开栏全面展现了制度规定、重要事项、班组愿景、工作交流等内容；规范和细化了班务公开的内容、形式、时限以及管理监督方法等，进一步提升了班组民主管理水平。在班务公开栏建设过程中，广泛征求了班组成员对班组各项事务的意见、建议，增强了职工对班组建设的责任感和主人翁意识，进一步提高了班组建设水平。通过班务公开栏建设，积极推进班组的主观能动性、创造性以及广大职工的利益诉求，努力营造出班组和谐氛围，进一步增强了班组凝聚力。

（一）班务公开栏是宣传习近平新时代中国特色社会主义思想和党的十九大精神的重要阵地

政治素质是班组民主管理的责任和态度，也是班组民主管理的重要内容。班务栏上专设"学习园地"，对关于政治、思想、纪律、作风建设重要指导性和实践性等的重要讲话进行学习。引导班组基层成员自觉主动学习习近平新时代中国特色社会主义思想和党的十九大精神，积极向党组织靠拢，拥戴领袖、拥护核心，听党的话、永跟党走。

（二）班务公开栏是展现班组"规矩""规范"的宣贯平台

所谓"没有规矩，不成方圆"，班务公开栏上专设"规章制度""工作

流程""组织分工"三个模块，展示与班组工作或班务公开相关的规章制度，梳理并明确班组工作的流程或班务公开的流程，明确班组成员的工作分工，确保班组成员工作有准则、有方向、有规范。

（三）班务公开栏是成为保障职工知情权、参与权和监督权的有效载体

1. 实现班务的公开透明，保障班组成员的知情权

为了保障班务的公开透明，特设"出勤公开大家看""任务公开大家干""考核公开大家鉴""评先公开大家选"四个模块，每月公开班组职工出勤情况；每周公开班组本周工作内容，总结上周工作完成情况；每月公布上个月的绩效考评结果；每月公布在班务会上民主公开评选的先进工作者的先进事迹；让班组成员清楚明白班组的考核结果、出勤情况、工作内容，并且通过学习先进事迹，明确改进方向，树立改进目标，提高工作效率。

2. 搭建良好的沟通平台，保障班组成员的参与权、监督权

为了搭建良好的沟通平台，特设"大小事播报台""管理层直通车""金点子聚合池"三个模块，定期播报上级开展的主题教育活动，实时展现最新的交流学习会议，增强职工的责任感和荣誉感；采用"意见箱"的形式，征集班组成员对管理的意见和建议，搭建职工与管理层的沟通渠道；征集职工立足本职岗位的建设性意见或建议，对评选、岗位竞争等做到"公开、公平、公正、合理"，起到很好的监督作用。

（四）班务公开栏是分享愿景、诉说身边故事的温馨小家

为了打造温馨的职工小家，特设"齐绘愿景蓝图""众说身边故事"两个模块，通过展示班组愿景引导班组成员立足工作岗位，明确个人发展愿景，确保上下目标同向，实现公司发展与职工成长成才互促共赢；通过新闻稿件的形式，记录班组成员立足本职工作，努力创新的真实故事，展现班组众志成城建设世界一流班组的目标。

三、"一群"：共享班务公开微信群

为了提高班务公开的程度，班组建立班务微信群，每日根据班组工作任务，定期发送工作提示、安全提醒、天气播报等温馨提示，营造了班组

内部团结友爱、积极向上的良好氛围；每周公开班务栏内的相关信息，快捷高效地征集班组成员的意见建议，为职工提供随时随地参与班组民主管理的平台。

通过建立"一会一栏一群"班务公开机制，班组民主管理水平有了极大的提高，同时也极大激发了广大职工的积极性。开展班务公开，也让班组成员能够积极主动地学习规章制度、工作流程和组织分工，明确岗位职责。同时，开展班务公开，让职工对班务知情、参与班组管理、参与监督，进一步调动了班组成员的工作积极性、创造性。

基于价值认同的民主管理平台建设

徐 利 任家印 耿用君

（国网焦作供电公司工会）

企业民主管理是企业实现和谐稳定的重要前提。在当前企业转型不断深化的形势下，围绕改革发展和稳定大局，探索企业民主管理工作的新方法，开辟新途径，是新时代和新形势的必然要求。在新时代背景下，必须不断完善和创新企业民主管理形式，提升广大职工的价值认同感，使员工自发地把个人利益和集体利益联系起来，以主人翁的姿态来对待工作，迸发出巨大的创造热情，才能促进企业持续健康发展。

一、项目建设背景

企业民主管理的主要任务是在企业中建立劳资双方的沟通协调机制和平台，一方面使企业经营管理者在对企业发展和管理作出决策前及时听取职工群众意见和建议，从而保证决策更加民主、科学、全面；另一方面使职工的利益诉求通过民主程序和相应载体得到充分表达和有效维护，调动广大职工的工作积极性和创造性，促进企业健康快速发展，实现劳资双赢。

当前，随着企业改革的不断深入，民主管理的范围不断扩大，内容不断拓展，需求不断增多。而民主管理形式没有与时俱进，职工群众没有从中得到实惠，感受到变化，从而使民主管理的吸引力和认同感降低，难以调动职工群众的积极性，制约了民主管理效果。

建立基于价值认同的民主管理平台，就是要让员工在生产经营等各项工作中对企业的各项决策部署和民主管理的各项措施和举措产生内在认可和共识，通过这些认可或共识，形成自身在企业发展中的价值定位和定向，从而实现对企业各项工作部署的自觉接受、自愿遵循。

二、问题分析

当前，职工认为民主管理的形式感在一定程度上大于认同感，原因主要包括：一是职工对民主管理的定位认识不清，对知情权、建议权、决定权、监督权等民主权利的履行范围和条件了解不充分；二是职工对企业内外部发展形势、上级政策要求不了解，提出的建议和诉求不够理性科学；三是职能部门在落实职代会提案、合理化建议、解决职工合理诉求等工作中与职工沟通力度不够，已开展的工作缺乏有效宣传，无法办理的内容解释反馈不到位，影响职工感受度。受以上因素影响，容易造成职工认为提的建议不被重视，得不到落实，民主参与的积极性受到影响。

三、具体做法与实践

国网焦作供电公司以全心全意依靠职工为根本，认真挖掘劳资双方利益共同点，努力构建方向、形式、效果、情感四位一体的民主管理价值认同体系，发挥好工会在企业民主管理工作中的桥梁纽带作用，实现在共建中共享、在共享中共建，促进劳动关系和谐和企业发展。

（一）强化方向认同

职工参与企业民主管理，根本目的是体现和保障职工作为企业主人翁和劳动主体的地位，充分调动广大职工的积极性、主动性和创造性，为企业发展献计献策，同时及时发现企业管理漏洞和不足，最大限度地避免和减少重大决策和经营管理的失误。以此为方向，公司工会着力完善厂务公开覆盖面，通过情况通报会、领导办公会、公司内网、OA办公系统、学习培训、公开栏、宣传栏等形式，让广大职工了解当前企业发展新形势，掌握企业管理新情况，提升合力助推公司发展的信心和决心；着力加强培训力度，为广大职工充"电"，以职工代表、总经理联络员为抓手并向广大职工进行延伸，广泛开展法律法规、方针政策、民主管理以及劳模精神等内容的培训和宣讲，提升广大职工的思想素质、法律素质、民主素质、业务素质，明确权利和义务，自觉自发地将个人成长与企业发展融为一体。

（二）强化形式认同

民主管理的效果往往是通过各种民主参与形式得以体现。公司工会通过规范落实各项民主制度，丰富民主内涵，提升工作质量和影响力，使各项民主形式在职工心中扎根。进一步完善以职代会为基础的民主形式，做到内容丰富、信息全面、阳光透明，将职工关心关注的问题、企业经营管理的各项工作和数据全面提交职代会审议或以公告形式进行公开。2019 年，提交三届四次审议的各项报告由三届二次的 11 项增加到 16 项，报告总篇幅由 6 万余字增加到近 9 万字，公告栏公开各类信息由 2018 年的 106 项增加到 2019 年的 160 项。广泛开展各类巡视活动，组织职工代表、总经理联络员及部分基层职工开展为职工办实事、提案办理情况、集体合同履行情况、厂务公开情况等现场巡视，提出问题整改意见并及时向参与巡视人员反馈整改结果，让职工感受到公司的进步，体会到被尊重。注重职工意见办理，完善督办机制，将合理化建议、为职工办实事、职工诉求管理相融合，建立为职工办实事常态工作机制，广泛征集职工意见建议，做到统一征集、及时答复、集中办理。2019 年公司总经理联络员会议共征集建议 54 条，对其中 3 条建议立行立改，其余建议转交相关部门限期研究落实。通过将一系列民主参与形式规范落实有效闭环，使民主管理工作实现了由虚向实的转变，使广大职工的认识由形式转变为实质。

（三）强化效果认同

民主管理的成效直接影响到职工的归属感和凝聚力。公司工会借鉴职代会质量评估经验，将职工满意度测评作为各项工作的评判标准，实现全覆盖，先后建立了职代会质量评估、提案办理情况质询及评估、为职工办实事满意度测评等一系列评估方式，针对不同工作特点，参与测评群体从特定人群拓展为全员参与，评估形式涵盖调查问卷、述职打分、面对面质询等。2019 年，公司实现职代会质量评估、职代会提案办理、为职工办实事满意率测评三个 100%，职工在民主管理工作中感受到了真真切切的变化，体会到了实实在在的实惠。

（四）强化情感认同

民主管理是职工与企业的桥梁纽带，只有充分、全面的沟通、交流、协商，才能找到利益共同点，在工作中达成共识，实现共建共享。公司工会着力加强双向沟通，搭建职工与企业对话平台，增强相互理解，构建和谐关系。固化事前会商。对所有建议进行整理分析，组织建议人、相关职能部门、职工代表团长及相关专委会成员开展沟通会商，找准职工关注点，对建议的科学性、合理性、可操作性进行深入研究。对可办理建议，由承办部门提出具体措施和目标，立即组织实施；对需要长期办理的，明确牵头责任部门，建立相应的工作机制；对无法办理的，应向建议人进行解释反馈，说明无法办理的具体原因，让职工感受到尊重。完善动态沟通。各部门对各项工作办理过程中遇到的问题和困难，以及具体办理情况，及时向工会反馈，由工会适时组织进行事中沟通，向建议人进行情况说明，同时突出职能部门在办理过程中所付出的努力和取得的成效，获得职工的理解和认可，提高感受度。实施结果反馈。通过工作成效公示、办理结果满意度测评、职代会专题报告等形式，形成双向反馈，即：将各类建议办理结果向广大职工反馈，充分保障职工的知情权、监督权，提升民主参与的积极性；将职工感受和意见向办理部门反馈，增强部门工作的成就感，同时为进一步改进工作提供参考。

四、项目成效

通过项目实施，工会的桥梁纽带作用得到了充分发挥，各项决策部署得到了高效落实，职工利益诉求得到有效保障，公司民主管理工作实现了三大提升。

（一）职工满意度大幅提升

通过民主管理平台建设，职工对公司各项工作的了解和认识更加全面、客观，经过测评，公司职代会提案办理满意率首次实现 100%，为职工办实事满意率达 100%，职工队伍凝聚力不断增强，幸福感、获得感、归属感持续提升。

（二）民主参与积极性大幅提升

随着民主监督力度的不断加大和职工认可度的不断提高，各职能部门工作积极性得到有效激发，部门对民主管理工作的态度由消极被动接受，转变为积极主动参与。2019年，工会先后接到各职能部门提出的职工食堂卫生管理、食材采购价格、"五小"供电所建设工作等多项巡视邀请，民主管理工作逐步转变成为各项工作成果的展示平台。

（三）民主管理工作效率大幅提升

由于实现了对民主管理的价值认识，形成了职工积极建言献策和企业努力办理落实的良性循环，各部门在落实民主管理各项工作中消除了推诿扯皮现象，沟通更加顺畅、工作加强主动，工作效率实现大幅提升。

基于县域供电企业多渠道协同的
民主沟通实践

黄　勇　王志权　张飞云　李　行

（国网巩义供电公司工会）

一、项目实施背景

（一）提高企业民主管理的现实需求

民主筑和谐，聚力谋发展。企业民主建设是利用民主管理手段维护职工利益的重要途径。随着电力改革的持续发力，决胜全面小康的社会目标提速，电网建设、设备运维和电力保障的任务也日益繁重，电力职工的工作压力逐年增大。因此，涉及职工利益的事项增多，职工表达诉求的意愿也较为强烈。虽然我们经常谈及和解决职工后顾之忧，但现阶段，职工诉求管理的常态长效机制尚未健全，还缺乏有效的诉求事项征集办理体系，职工诉求不好表达、无处表达、不能实时表达或诉求办理不及时、不到位、不彻底的问题依然存在；既容易造成矛盾积累，也一定程度影响了党群干群关系，弱化了职工参与民主管理、促进企业发展的积极性。如何通过深化民主建设，构建切实可行的工作机制，是基层供电企业工会面临的现实问题。以人为本和谐发展，是供电企业构建社会责任管理体系，实施全面社会责任管理，推进社会责任根植基层，强化社会责任沟通，深入推进社会责任，落实民主沟通"深度"实效的迫切需要。

（二）传承企业文化和谐发展的需求

"文化传承、作风锤炼"是国网巩义供电公司职工队伍建设的思路，为推动公司和电网高质量发展提供了强大的精神文化动力。在强化党建工作的引领和文化驱动下，多渠道协同企业民主管理，走文化建设发展之路，将传承落地。并加以锤炼提升，激发员工的爱企责任，自觉践行国网企业文化。文化聚焦价值、作风创造价值，公司通过多渠道协同的企业民主管理，推动各项管理机制建设的完善与发展。创新实践过程，是落实干部员工责任意识、担当精神、攻坚能力以及"三严三实"作风的集中考验，"倒逼"效应刚性培养广大员工养成勤思善学的工作行为、协同作战的团队精神、"勇于迎难而上、善于攻坚克难"的过硬作风。

（三）实现公司本质提升的内在需求

国网巩义供电公司贯彻落实国家电网有限公司《职工民主管理纲要》和《"十三五"民主管理行动计划》，不断完善以职工代表大会为基本形式的民主管理，2019年2月圆满召开了四届二次职工代表大会。按照市公司工作要求，国网巩义供电公司开展了职工代表大会质量评估工作，以提升职工代表大会整体运行质量；坚持平等协商集体合同制度，完成"企业工资集体合同"的续签工作，条款履约率达到100%。

职工群众的创造价值关乎企业的经济效益和社会效益，只有解决好事关群众利益的现实问题，才能最大限度凝聚公司高质量发展的强大合力。"融入中心、服务大局"是国网巩义供电公司党群工作过程中坚守的价值内涵，为民主沟通创新了传递渠道，公司员工对从严治党进一步深化认识，掌握了"三个建设"的新形势、新任务、新常态。访谈、互联网和微信等多渠道沟通，为国网巩义供电公司党群工作搭建了"公开、公共、公众"公共平台，是借助现代化管理手段、突破工作基础、固化优势资源、破解发展难题、着眼党群实情的创新选择。用心探索，精心实践，是公司创新推动党建带团建、廉洁从业、共产党员服务队、建功建家、创新工作室、企业文化等方面示范创建工作，创造巩义特色的党群工作方法，通过"可视、可用、可复制、可推广"工作基调，可以创造多渠道协同的企业民主管理氛围，推动民主管理"宽度"实效。

二、基本内涵

国网巩义供电公司准确把握全面从严治党、加强群团工作、强化"三个建设"的新形势、新任务、新常态，注重文化、责任与工作的协同发展，以"系统、高效、协同、精益"的管理理念贯穿党群工作示范点创建全过程，融合民主创新与青年科技创新，以培养创新人才为基础，以提升创新意识为宗旨，将民主管理工作融入公司 QC 小组活动、技术革新、青创赛等各项创新过程，建立交流协同群组，扎实推进党建带团建、廉洁从业、共产党员服务队、建功建家、创新工作室、企业文化六个方面示范点创建工作，形成"可视、可用、可复制、可推广"巩义特色的工作基调，通过多渠道协同的企业民主管理，使员工"创新"意识提升、公司"文化"落实传承、员工"服务"融入大局、公司"德育"治企实现。

三、主要做法

（一）沟通搭建，为民主管理建成公众互动平台

国网巩义供电公司经过广泛的信息收集、分析与整理，在确保民主沟通工作的准确性、掌握解决思想问题主动权的原则下利用"即时通"建立公司公众互动平台。以公司工会为主召开工会代表会议研究方案，并在调研基础上选定一至两个部门进行专题研究，形成初步意见。在初步意见的基础上制订具体实施方案，方案内容定为"公司动态""部门风采""民主生活"三个模块。

1. 建立班组多渠道协同的民主管理机制

通过班组与各专业部门协同，及时了解公司要求，了解工作要求、会议精神并督促工作进度，同时将上级部署的各项工作和取得的成果及时与班组共同分享，让员工随时了解和学习，引导大家把工作生活中遇到的问题提出来并展露自己的观点、献计献策。同时班组成员以合理化建议方式将工作、生活中的亮点以及自己的经验传递出来。班组长汇总分析后及时把大家的意见建议向上反馈，使公司及时了解班组情况。民主管理联动机制项目见表 1。

通过"即时通"建立的民主管理沟通渠道，可及时公布公司重大经营活动、职工福利、公开选拔聘用干部的条件和决策结果等一系列涉及职工

表1		民主管理联动机制项目	
公司动态联动	公司活动	介绍公司相关活动及最新动态
	廉政教育	发布相关廉政教育文件及案例
	停电通知	依据调度计划提前发布停电通知
	法律法规	介绍与电力安全生产相关的法律法规制度
部门风采联动	职工风采	以班组为单位不定期发布部门工作与活动动态，展示员工在工作生活中的精彩瞬间
	班组建设	介绍公司以及国网电力系统劳模工作室、优秀班组及明星班组长的先进事迹，推广公司内部其他班组的先进工作经验与技术、管理创新
	安全知识	发布电力安全生产知识和相关事故简报等信息；交通安全提醒
	用电常识	发布安全用电、节约用电知识
民主生活联动	职工权益	发布与职工切身利益相关的文件以及公司的响应
	民主生活	发布民主生活开展情况
	职工之家	主要处理、解决职工的意见建议，及时反馈职工在工作生活中所遇到问题的处理结果，同时也可以经常发布、分享一些文章来传递正能量，正确引导、疏导职工舆论；发布天气变化信息；关爱职工身体健康
	职工书屋	定期发布与电力生产新技术相关的书籍和职工和谐生活的百科全书

切身利益的热点问题，并及时掌握职工的思想动态，从而增加公司与员工交流互动的频率。拓宽了服务职工新渠道，如心理疏导和人文关怀上工会通过新媒体以其生动活泼、喜闻乐见的方式及时推送一些缓解职工心理压力、人文关怀的信息，充分发挥其隐性教育的功能。增加生活性、趣味性内容，如"生活百科""天气变化""交通提醒"等栏目。

利用职工的参与和关注进行职工文化的进一步传播与宣传，起到很好的职工文化的宣传效果。在职工文化宣传方面，不仅宣传职工典型、模范人物事迹，全面展示职工风采，还可推送大量职工文学、书法、摄影作品以及职工原创歌曲等，展现当代工人昂扬向上的精神风貌。贯彻落实国家电网有限公司全面启动"生命体"班组建设工作部署、《国网河南省电力公司班组建设三年（2017—2019年）行动方案》，积极探索在继承中创新、在创新中发展的班组新模式，着力建设具有自我驱动、价值创造、智慧分享、资源影响和创新创效特征的"生命体"班组。2018年，参加市公司营业业务、配电电缆、变电运维、乡镇供电所四个类别的班组共建活动

4 次，促进了同专业班组间的交流提升。以市公司班组建设论坛为载体，组织开展班组建设论文撰写活动，收集优秀论文 10 余篇，其中 3 篇论文入选市公司图书《"生命体"班组建设之我见》。发挥劳模工作室的示范效应，重视班组人员素质培养和班组文化建设，激发职工创新潜力和创造活力。

2. 广泛应用企业资源提高民主管理质量

"即时通"平台（民主管理群）拓展了公司培训渠道，通过该平台可以对员工进行民主管理理论与实务知识的培训，为中层以上管理人员进行民主管理理论的讲解和分析，将公司民主管理的目的和意义进一步阐述，全面普及和说明民主管理制度，确保民主管理从源头得到提升，推动民主管理工作在公司的有效落实。

职工代表通过"即时通"平台应用，进一步学习和认识到自身作为职工代表大会制度建设中的一环的重要性，加强员工民主管理专业知识的学习，充分了解自身的权利和义务，了解职代会的权利和权利行使范围，掌握民主管理制度的规定和要求。职工代表借助平台的培训学习，知识水平和业务操作能力均得到提升，从而指导和引领员工正确地参与民主管理工作中。

公司员工通过平台应用，积极关注公司发展、参与公司决策，真正发挥员工民主作用。国网巩义供电公司工会针对基层班组加大了员工民主管理知识的宣传力度。通过多种渠道，减少了集体专项培训的次数，通过平台的电子阅读方式等员工喜闻乐见的互动教育形式，用体验式方法，加深了普通员工对民主管理制度的了解和理解，使其在具体工作或案例中领会和感受员工民主管理。

国网巩义供电公司的"即时通"平台，保证了员工的知情权、参与权、管理权、监督权，将每位职工的工作热情引领到部门民主管理中，推动公司业务的全面发展提升。

（二）加深认识，让沟通促使民主管理常态化

国网巩义供电公司搭建"即时通"平台，加深了各级员工对民主管理

的认识。沟通是民主的方法之一，平台让民主成为公司公开、公平的常态化管理方式。公司工会组织职工通过内网电脑、微信平台为国家电网有限公司特等劳模、国网工匠投票，营造传颂劳模精神的浓厚氛围。

1. 让民主无处不在

民主从来不是某一方的民主，民主必须是全方位的民主。国网巩义供电公司的"即时通"平台使员工深刻认识到民主的无处不在。通过"即时通"平台，员工在浏览厂务公开事项的同时，还能发表自己的见解。通过广泛征求大量意见和建议，为民主管理决策提供依据。公司工会通过平台反馈，可以更好地进行疏导和解释工作，主动把矛盾化解在基层、解决在萌芽状态。民主管理实现了认真收集、汇总分析、跟踪调查的动态管理，以最大限度、更好更快地解决现实问题。

作为联系员工和公司的有效桥梁，各部门通过"即时通"平台向员工发布各种资讯，一方面向员工传递各种部门业务信息，另一方面搜集员工对公司业务的系统认识和建议。通过民主沟通，部门工作得到进一步改善，员工一方面可以更全面地了解公司，并顺畅发表自身看法及观点，促使公司业务进一步改进；另一方面，公司和员工之间的断层得以弥补，形成信息的双向沟通，大大增强了工作交互性。"即时通"平台改善了公司的业务现状、提升了公众满意度、树立了国网品牌形象。

2. 让民主没有界限

班组是电力企业最基层的生产管理单位和现场作业单位，地域和环境不应成为限制民主管理的原因。国网巩义供电公司为保障全体员工参与公司的民主管理，从建立和谐稳定的劳动关系是民主沟通工作的出发点和着眼点方面，把调动职工工作的积极性、主动性和创造性作为班组民主管理的核心任务。通过搭建"即时通"平台，凭借高度透明的信息、高更新速度以及实时传递的互动优势，保证第一时间向员工传递部门生产状况与班组管理情况，让民主管理真正落到基层班组。

公司通过"即时通"平台，真正了解掌握广大职工的所想、所盼、所急、所需，真诚与广大员工谈心聊天交朋友，认真听取意见和建议，耐心倾听心声和呼声。员工有话有处讲，有情有处倾，有难有处求，使工作心情和生活情趣始终处于愉悦状态。日常工作生活中不想讲、不愿讲、不好讲、不敢讲的意见和建议，通过"即时通"平台以合理化建议的形式说出来、提出来，真正让民主管理突破层级界限。

3. 让民主深入人心

用"即时通"平台，通过新媒体方式普及工会知识，将工会和劳动法律法规解析、工作动态及重要通知等内容推送给每个工会干部，用一种全新的方式来补充传统的培训手段，起到培训、宣传、普及工会知识的作用，使公司干部能顺利开展业务工作，提高业务水平。公司工会通过平台征集合理化建议等民主沟通活动，引导广大干部员工立足岗位献计献策，培养了职工发现问题的意识和习惯，促进业务能力提高；还可以及时发现并解决职工生活中遇到的困难，让员工从平台受益，从而提高参与热情；让员工自主、有序地参与公司管理，真正实现公司民主化管理。

充分应用"即时通"平台对员工进行思想政治教育。例如，在公司官网上宣传劳动模范，发挥榜样示范的作用，凝聚社会正能量；记录工会活动，展示新时期职工的精神风貌等。这样，员工浏览工会网页时，就可以接受思想政治教育，培养良好的思想观念、职业道德。"即时通"平台沟通的及时性，为公司与员工间架起透明桥梁，让民主深入人心。

（三）融合贯通，平台助力科技创新实践

民主是全员的民主，创新也应是全员的创新。为打破公司创新管理工作"闭门造车"的现象，公司在科技创新工作中充分借助"即时通"平台，落地民主沟通，实现民主创新与科技创新融合，增进了民主沟通实践。

1. 科技创新，需求沟通

信息收集是确保民主沟通工作的准确性、掌握解决思想问题主动权的关键所在。为保证民主沟通与科技创新工作的有效融合，国网巩义供电公司综合运用访谈法、问卷调查法，广泛收集相关部门意见。

以公司工会牵头，发挥工会代表会议的作用，广泛收集各层级员工对科技创新工作的认识、意见与建议等信息。通过"问计于民、问政于民"方式，结合公司科技创新归口部门意见，组织公司科技创新工作带头人、

供电所 QC 小组负责人等开展讨论，总结公司科技创新中的成绩与不足，在国网发展战略下，围绕公司自身发展创新需求，制订形成工作方案。方案围绕创新有什么需要、创新要怎么做等内容来确定。

2.融合应用，沟通搭建

根据历年经验，国网巩义供电公司认识到推进科技创新需要各部门的支持与配合，交流沟通才能助力科技创新产生创造性和实用性成果。为实现员工之间、团队之间的优势互补，让更多的员工参与科技创新、更多的部门认识科技创新，在一个项目或多个项目进行时可采取实时交流，以提高员工的参与意识，让分享成为成果产生的突破口。科技创新项目管理负责人利用"即时通"平台，建立"巩义市供电公司科技创新交流群"，公告内容为本年度科研创新项目名称，负责人组织各 QC 小组成员对民主管理工作及科技创新管理工作的结合进行概念普及。

3.平台应用，管理融合

科技创新借助"即时通"平台进行民主沟通，使各部门的创新工作"透明化"，通过"即时通"平台沟通所属项目的各项制度和措施，探讨创新思路、研究创新方法。公司通过职工代表大会确保平台被员工广泛认识与接受，并可以有序规范应用。"即时通"平台成为公司开展科技创新的活动载体，各部门借助这一平台认真履行科技创新管理职责，推进创新管理制度落地，员工又多了一个科技创新发挥与履职的场所。为"创新"开展"沟通"，正向激励员工参与创新，通过党群管理民主决策，涌现创新类的职工代表，为推动国网巩义供电公司发展做出积极贡献。

（四）集思广益，平台提升专业交流互动时效

"即时通"平台是立足于公司创新发展的融合渠道。

1.创新需要"头脑风暴"，公众平台实现思路分享

通过"即时通"平台，多部门开展科技项目创新"头脑风暴"，专利项目、QC 小组成果等多类型项目在公众平台上进行交流。发挥"即时通"平台方便快捷的互动性，小组成员第一时间将"金点子"进行分享，实时开展沟通互动，得到积极反馈、思路响应，思想碰撞的存在感让大家拥有足够的

信心面对项目中的瓶颈和难题，尤其是拥有相似想法的职工时常会有"英雄所见略同"的感受，彼此之间增加了信任和认可。

2. 创新需要"输入输出"，公众平台展示学习风采

创新从来不是简单的闭门造车，需要进行知识的广泛学习与应用，通过"即时通"平台，管理员为员工分享各种创新知识。员工可以捕捉、整理有效知识，为自身创新项目所应用。百分率、频次分布表、圆形分布图、条形图、直方图、折线图等科学统计方式，以小知识形式与员工进行分享，对员工掌握创新工具发挥作用。"即时通"平台成为员工相互学习、展示风采的平台，大家在这里积极参与创新的交流互动，展现聪明才智，理论与经验充分释放，多数难以攻克的技术问题在争论和共同试验的过程中得以突破，彻底改变了单一项目封闭创新的局面，职工真正体会到了民主管理中智慧沟通的无穷力量。

3. 创新需要"积蓄力量"，公众平台发挥青年价值

科技创新立足于当下问题的解决方法创新，创新的思路则不能止步于此，通过"即时通"平台，可以收到各个层次员工的创新想法，突破了时间、空间维度的限制，经过充分的研究论证，将思路落地，形成具有针对性、可操作性的操作决策，在项目中推进执行。这一公开的沟通平台，为公司发掘了一批创新人才。最欣喜的是涌现了一批青年创新人才，在骨干成员的带动和影响下，青年员工积极发挥自身优势，常常会提出建设性的意见和建议；伴随项目进程，青年员工积极进取、成长成才。青年员工群体提升创新意识、掌握创新方法，也是企业长远发展的积蓄力量。

（五）"沟通"活跃创新氛围，平台助力落地转化

应用"即时通"平台，实现员工的群体性沟通与协作，在项目中发挥角色作用、完成创新任务，互补、共享、合作是"沟通"带来的公司科技创新氛围。

1. 问题导向，响应发展需要，强调创新落地

科技创新从来不是简单的为创新而创新，公司搭建"即时通"平台，为员工提供科技创新的民主化沟通平台，强调"创新是目标"，通过积极沟通，

广泛听取各方思路意见，将国家电网有限公司的科技创新成果真正地落在解决电网发展问题上，以创新服务于民。通过"即时通"平台，各部门从意识上将科技创新作为部门的发展指引，围绕部门核心业务，紧密围绕满足客户可靠供电、安全用电的更高需求，以问题为导向提出科技创新课题，以科技创新的内部管理活动面对外需压力。

2.协同合作，拓展项目需求，深化创新深度

创新不仅是单一部门的单一项目，项目分大小、部门分业务，但为了公司发展进行的科技创新却不能局限一隅。"即时通"平台上的沟通，实现了公司部门间的跨业务创新，通过平台的及时沟通，公司科技项目创新深挖需求，强化解决某一业务需求的同时，也注重该业务的跨部门衔接需求，发掘公司科技创新深度。在"即时通"平台中收集信息，针对公司科技创新项目组织专题讲座、技术攻关、课题研究、学术研究、技术交流、理论提升，将线上创新沟通拓展为线下需求响应，公司部门间协同合作加强，项目课题选题落实，公司实现了科技创新的"民主"化深度"沟通"挖掘。

3.上下贯通，关注基层需求，提升创新转化

公司为各层级、各部门员工搭建沟通平台，在"即时通"平台上，员工可以平等沟通，并第一时间得到沟通反馈。"即时通"平台的使用也是公司科技创新的民主表现。平台可以有重点地及时深入一线班组、施工现场开展春季慰问、夏送清凉等慰问活动，关爱一线职工。基层员工对电网业务有最为直接的理解，他们直接面对客户与业务需求，通过"即时通"平台，可以直接反馈基层意见，为科技创新项目的立项与研发提供想法、思路，形成真正的创新解决项目，为创新转化踏实路径。

四、实施效果

（一）基层专业能力得到全员释放

国网巩义供电公司搭建"公开、公共、公众"的"即时通"平台，将解决员工问题落实，有效增强职工的归属感，员工忠诚企业、爱岗敬业的热情不断提高，积极投入到部门发展建设之中。调控中心调控班先后获得

国网巩义供电公司"文明建设先进单位""安全生产先进单位"、郑州供电公司"先进班（站）""一流班组"，河南省电力公司"标杆班组""班组技能建设及班组长素质提升劳动竞赛先进班组"、国家电网有限公司"工人先锋号"等荣誉称号。公司参加郑州市第十五届职工技术运动会，在用电检查员技能竞赛中，团体成绩获第三名，个人成绩分获第六名、第七名。

"即时通"平台成为公司倾听基层声音的窗口。自平台应用以来，共收到100多条建议，解决40多条具体问题。通过内网电脑、"即时通"平台为国家电网有限公司特等劳模、国网工匠投票，劳模精神在员工中广泛传播，公司上下大局观念明显增强。员工积极参与各种民主活动，申报省公司工会职工民主管理工作示范项目优秀成果2项，并有1项荣获优秀成果奖；参加市公司合理化建议活动，获得"银点子"奖和"优秀组织奖"。参加国家电网有限公司"一句话建言献策"活动、市公司"我为企业献一策"合理化建议月活动。

（二）基础管理工作得到全面提升

公司民主管理机制的运行，有效释放了发展动力，推动了内在协同与和谐共赢，广大职工聚焦高质量发展目标，紧紧围绕"坚持精益卓越、推动本质提升"主线和企业中心工作，在各自岗位上勤勉敬业、务实付出，促进各项工作优质高效开展。

民主沟通的常态化、制度化的管理举措，员工的知情权、监督权得到有效保障，实现了民主管理工作反映问题有渠道、跟踪处理有着落、意见反馈有回音。通过畅通民主谏言渠道，实现了民主管理与企业管理过程无缝对接，推动公司各项工作群众基础的有效建立，公司各项工作取得新成绩。2018年，公司先后荣获河南省五一劳动奖状、河南省"安康杯"竞赛优胜单位、国网河南省电力公司2018年先进集体称号、1人获郑州市劳动模范、1个班组获国家电网有限公司五星级乡镇供电所称号、3个班组获国网河南省电力公司先进班组称号。

（三）助推公司经济效益提高

民主筑和谐，聚力谋发展。通过释放员工参与热情，企业效益得到了显著提升，主要表现在以下方面：一是由于树立了和谐聚力的良好氛围，员工的工作态度有了良好转变，例如：110kV 回镇站 10kV 开关柜改造及 110kV GIS 系统大修是国网巩义供电公司 2019 年技改工程，总投资 570 余万元，回镇变担负着回郭镇西部及巩义产业集聚区工商业、居民生活用电，特别是担负明泰、万达铝业两大用户的供电任务，为了减少对用户停电，公司运检部优化调整工程施工方案及配网负荷过渡方案。施工过程中，运检部加强施工过程的全过程管控，精心筹划、倒排工期，在坚持安全第一，预防为主的原则下，该工程提前 11 天完成；2019 年 5 月，巩义 110kV 和平变 110kV 东母及平 2 号变停电配合新建平 111 间隔接入平 110kV 东母工作开始实施，在国网巩义供电公司运检部组织下，多部门通力协作，各项工作有条不紊地开展，110kV 和平变 110kV 配电装置改造工程验收送电成功，提前 24 天完成公司下达的工程竣工任务。二是 2019 年前三个季度完成供电 307615.34 万 kW·h，比 2018 年同期多供电 32914.9 万 kW·h。三是减少客户投诉，2019 年前三个季度收到客户投诉 52 件，比 2018 年同期减少 61 件，赢得了客户赞誉，公司经济效益和社会效益双赢。

服务职工诉求"多平台"建设的实践与思考

吕朝阳　李文祥　杨　佳　江　源

（国网石龙供电公司工会）

按照国务院国资委关于"中央企业瘦身健体，压缩管理层级、减少法人户数"工作要求和国家电网有限公司相关工作部署，2017年国网河南省电力公司全面推进县级供电企业"子改分"工作，将县级供电企业管理体制由子公司模式调整为分公司模式。"子改分"有效打通了制约县级供电企业发展的体制屏障，发挥省市级电网公司的专业技术优势。实施分公司管理模式，是帮助县供电企业尽快提升整体管理水平，实现突破和加快发展的重要机遇，可以使其进一步聚精会神、心无旁骛地做好生产运营和客户服务工作。

然而，受长期代管体制的影响，县供电企业管理水平仍然是国家电网有限公司建设"一强三优"现代公司的"短板"。县供电企业是国家电网有限公司的最基层单位，数量多、分布广，大部分单位存在冗员和结构性缺员问题，职工技能水平较低，老龄化和底子薄共存。县供电企业的这些问题并不会因为"子改分"而发生突变，还是需要持之以恒加快补齐，迎头赶上。

国网平顶山供电公司工会面对所管五家县供电企业"子改分"和华辰供电公司、石龙供电公司两家基层单位资产划转的现状，统筹协调推进加强工会民主管理工作。同时，选取石龙供电公司工会作为响应职工诉求管理的试点，把响应职工诉求推进职工服务作为体制转型时期的重点工作，加强服务资源的统筹整合，探索建立服务职工诉求的多维度平台。

一、公司及所管辖业务简介

石龙供电公司成立于 1999 年 1 月 28 日，属于股份制县级趸售小型供电企业，截至 2019 年 12 月 31 日，公司在职职工 106 人，农电工 13 人，退休职工 27 人。公司组织机构设有 9 个职能部门，2 个二级机构。公司配电网以 6kV 电压等级为主，现有 6 kV 配网线路 35 条，总长度 147.07km，343 条，总长 150.7km。供电区域总面积 37.9km²，供电营业区不包括代管共建的 13 个行政村。截至 2019 年 12 月，营业总户数 13462 户，大工业用户 56 户，一般工商业用户 1334 户，居民用户 12031 户，农业生产用户 97 户；其中低压 13272 户，高压 190 户。主要承担石龙区电网的规划、建设、生产经营和维护任务。

二、响应职工诉求服务职工成长成才

随着公司经营管理和电网的发展，职工福利和生活水平较过去有较大的提升，职工对精神和文化层面的需求也在随之增强。职工向公司工会提出诉求，是职工对公司工会信任的一种表现，是职工期望通过公司工会解决自身难以处理的问题和困难，只要工会组织能妥善对待并加以处理，就能够很好地赢得职工的信赖，更好地激发职工为公司奉献的主人翁意识。反之，长期搁置职工的合理诉求，只会让矛盾在公司内部升级恶化，无形中对公司造成不可挽回的损失。作为公司工会，健全职工诉求管理机制，顺畅职工合理诉求的提出，对促进企业和谐健康发展也是必要的。

在此背景下，石龙供电公司工会在 2019 年职代会上开展职工问卷调查。通过问卷调查和统计分析，了解到职工最迫切需要的是参加培训，希望通过培训达到技术技能提升的占 50%，学历职称提升的占 30%，文体特长提升的占 10%，岗位职务提升的占 5%，奖金奖励提升的占 5%。从职工意愿来看，青年职工的学习愿望非常强烈。职工的合理诉求，透露出职工实现自身价值的现实愿望。职工对自身得到尊重、价值得到体现的精神需求愈趋强烈，迫切需要更多形式、更多渠道展现他们的才干和技能。作为公司工会，通过搭建良好的交流平台，了解、疏导、解决职工合理诉求，是推进基层民主管理的有效实践。

高素质的职工队伍是分公司模式下企业各项工作推进的主力军，高技能人才则是主力军中的核心中坚力量。然而，由于历史原因，当前现状是石龙供电公司人才较为匮乏，职工队伍存在两个极端：一是地方年龄偏大职工占比近半；二是转业退伍兵占比近半。职工技术技能人员占比例较低，不能有效适应接下来电力体制改革和资产划转、子改分模式所带来的发展变化。针对复合型高技能人才严重不足、一线技工队伍建设亟待加强的现状，必须大力强化岗位技能培训，以激励职工苦练技能为宗旨，岗位成才、一线建功为目标，常抓不懈苦练基本功，多措并举提高职工综合素质。

为此，石龙供电公司积极回应职工的合理诉求，适时调整工作思路，由工会牵头，从组织保障、办理流程、约束机制、诉求渠道等方面构建职工诉求服务体系，建立健全职工诉求服务长效机制，坚决杜绝形式主义。公司通过集体协商、企务公开、民主协商等重要形式完善职工诉求管理机制，从诉求受理到办结、满意度调查、情况反馈形成闭环管理，充分发挥职工诉求管理机制作用，从而保障职工知情权、参与权、表达权和监督权的落实，保证职工迫切成长成才的平台通道得以搭建。

三、服务职工"多平台"建设的主要思路和做法

石龙供电公司经过积极的实践和探索，在公司职工诉求管理工作上取得了较好的成效，有效维护了广大职工在物质和精神文化等方面的权益和需求，激励大家投身到为企业做贡献的队伍中来，为企业管理变革时期服务职工成长成才指明了一条切实可行的通道。

（一）帮助职工规划职业发展通道

创新职工诉求服务举措，以"人"的转型升级来加快推进企业转型升级。充分利用职工书屋、QC技术创新、安康杯技能竞赛等条件和活动，激励职工在工作之余加强学习与探索，满足职工锻炼技能、提升素质的迫切需求。

公司工会在公司行政部门的支持下，寻求第三方职工规划师的帮助，按照管理服务、生产技术技能的两大类别，为职工一对一制订多个级层的

职业发展通道，畅通技术员—初级职称—中级职称—高级职称 4 个维度的管理职称发展通道，从初级工—中级工—高级工—技师—高级技师 5 个台阶的技能发展通道，实现"人人都有学习成长机会"，使管理服务人员、生产技术技能人员通过学习提升，都可以获得晋级晋升空间。同时，把一线职工薪资提升与职工专业技能提升和职业发展紧密结合，从薪酬激励上倡导技能优先，促进岗位成才，保证在技能通道中的一线职工同样可以得到较为平等的发展机会和相匹配的薪酬待遇，有利于不断激发职工提升专业技能的主动性和成就感。

（二）构建快乐学习成长提升平台

构建共享公司职工智慧、技术技能成果，深化职工素养、技能双提升工程，结合职工需求和实际情况，在平顶山供电公司工会的指导下，利用职工业余时间和"班组微讲堂"建设，专门举办"微课堂 大能量"职工业余讲堂系列活动，包括为职工搭建学历提升平台、技术技能提升平台、辅导职称和专家人才聘选提升平台，每月两期贯穿全年。该项活动倡议全体职工积极参与，既可走上讲台锻炼自我，也可台下听讲接受充电。选题课件紧扣公司系统经营发展脉搏，切入点小而巧，架构简而清，并提前一周开展职工需求和喜好评选， PPT 和图文并茂的形式便于交流学习，逐步增强职工"会想、会干、会讲、会写"能力，不断提升职工的综合素质，有效激发学习力，进一步提升职工综合素质。

在"微课堂 大能量"职工业余讲堂系列活动中，选取职工较为普遍、迫切的诉求作为主题，或邀请公司劳动模范、资深技术人员为大家做讲座、传授经验，或针对工作生活中喜闻乐见的话题展开激辩讨论，为处于成长期的青年职工创造交流提升的平台，营造出一个努力向知识型、技能型、复合型人才发展，相互赶超、共同进步的良好氛围。通过对青年职工和部分年龄较大职工的调研，了解职工内心深处对学历提升的需求后，公司工会协调人力资源部，主动与高校函授站点联络合作，校企协同为职工搭建学历提升平台，同时助力部分年龄较大职工实现对大学的向往和梦想。围绕"安全资格、安全技能、安全意识"在迎峰度夏期间开展了"青工夜校"

活动，对配电运维规程、安规、调规及劳动保护知识进行学习探讨，共同提升安全防护技能。

在调动广大职工的积极性、主动性，不断提升广大职工业务素质方面，以"建功立业季度岗位先进评比活动"为平台，评选产生"服务之星""安全之星""技术之星"三类"明星职工"，全面展示公司职工职业精神与形象，总结"评比"活动的精神内涵。通过该平台，公司职工不仅展示了自身，还分享了公司职工的先进事迹，真正激发了职工爱岗敬业、争创业绩的热情。

（三）量化多平台提升成效评价应用

在职工参与"微课堂 大能量"方面，根据台上台下职工学习成效，给予一定的绩效积分奖励。在季度"三星"评比工作中，将评比结果与标杆选树、物质奖励及精神奖励相结合，高度重视培训考核结果的量化评价和动态应用，探索建立与薪酬待遇、竞争上岗、职业资格、职业晋升相挂钩的绩效积分制，将绩效积分作为职工职位晋升、申报职业资格和技术职称、竞争上岗、调岗调薪的必备条件之一，对绩效积分优胜职工实施多种优先培训进修奖励计划，对积分不合格的职工给予强化培训、降低薪酬岗级、离岗轮训实习等措施。通过量化培训成效评价，形成"培训考核—提高能力—提高绩效—提高待遇—职业晋升—培训考核"的良性闭环人才成长机制，不断激发职工内在驱动的学习动力和压力，真正实现职工培训从"要我学"到"我要学"的转变。

为了有效激发职工持久成才动力，公司工会协同党政部门，为各层面的职工提供发展平台和上升空间，让有能力、肯作为、敢担当的优秀职工工作有劲头、发展有盼头、事业有奔头，在实现自我价值的同时，赢得公司的尊重和认可，为公司创造更大财富。

（四）让职工在感恩中工作生活成长成才

石龙供电公司工会主动疏导职工诉求，纠正部分职工对诉求管理机制的错误认知。一些职工对提出和解决诉求的平台渠道不甚了解，始终用老旧的眼光看待企业，片面地认为只有聚众上访才能迫使企业重视问题、解决问题，往往容易将原本合理的诉求演化成他人眼中的"胡闹"。公司工会将疏导教育工作做在平时，重视职工的思想教育，引导职工以正确的方式提出诉求，努力在企业与职工之间架构沟通的桥梁和纽带，把职工的思想统一到企业发展的大方向上来。公司用实践证明，日常做的思想教育工作越全面，职工的不合理诉求发生的概率越少。

职工诉求管理的最高境界是超前、主动掌握职工的思想动态和内在需求。石龙供电公司想职工之所想，分层次、分重点、针对性强地采取相应措施，为满足职工合理诉求提供解决途径。积极对困难职工、离退休老职工、伤病职工组织慰问，为特殊群体分忧解难；对奋战在一线的职工进行"冬送温暖""夏送清凉"，让职工实实在在感受到组织的温暖和集体的关爱；根据"寝办合一"的实际，完善公司羽毛球场地，先后举办了关爱职工健康教育讲座、"渔乐无限 快乐相伴"钓鱼比赛活动、"精准发力 享受运动"夏季职工趣味运动会、"迎国庆 做奉献"劳动竞赛、"趣味运动绽活力 快乐比拼增团结"趣味运动会等多项活动；同时，积极组织职工参加市公司组织的"电力玫瑰 芬芳鹰城"礼仪展示活动，在市公司"平供好声音"职工歌手大赛中荣获一等奖，"使命担当添活力，创新奉献促发展"职工演讲比赛中荣获三等奖；公司两名职工参加石龙区纪委、监委举办的"让清风拂面"诵读活动获得"十佳"荣誉称号，廉政征文《初心与坚守 助力石龙再谱新篇章》在区"廉洁在我心，争做出彩人"主题征文比赛均获得三等奖，参加区宣传部开展的"出彩石龙 欢乐中原"健身舞比赛获得三等奖；公司干部职工积极参与区红十字会、区卫计委联合开展的2019年无偿献血工作。通过文体活动的开展，丰富了职工生活，增强了凝聚力，从而树立公司良好的团队形象，助推公司健康发展。

四、服务职工诉求管理的成效和经验

通过服务职工"多平台"建设与职工诉求管理，在公司内部营造了"比贡献、比业绩、比能力"及精神求精的工匠精神、永不止步的创客精神的良好氛围，鼓励和倡导一线职工立足专业技术和一线生产技能岗位发展成才，形成在一线生产中培养人才、在经营发展中锻炼人才、在公平竞争中选拔

人才、在创新实践中培育人才的良好格局。通过季度"三星"评比，在企业职工之间形成了比、学、赶、帮、超的良好氛围，使职工技能竞赛成为常态化发现、选拔、培养高技能人才的重要手段之一，带动一线职工队伍业务素质的整体提高。"微课堂 大能量"职工业余讲堂活动创新现场培训模式，开辟了职工上台讲和台下交流的良好局面。同时，结合工会职工书屋建设和快乐书吧的沟通交流，使公司职工真正意识到"干什么、学什么、缺什么、补什么"，让职工在快乐中学习，在感恩中成长成才，构建了和谐的内部企业关系。

五、创建体会

自实施服务职工"多平台"建设与职工诉求管理项目以来，经过不懈努力，初步取得了一些成效，其中体会可以归纳为以下方面：

（一）领导体系是保障

本项目的实施过程得到了国网平顶山供电公司及石龙供电公司各位领导的高度重视，经过各层面的合理安排，大家权责清晰，目标明确。把推进课题化研究列入年度重点工作，整合公司系统工会组织力量，由工会主席牵头、各工会小组积极参与，成立推进民主管理工作、职工技术创新工作、服务职工诉求管理探索与实践课题组，明确研究推进方向，统一研究框架、方式、时间进度，调动工会干部的积极性，凝聚集体智慧，汇聚工作合力。

（二）企业事务要开放

企务公开关系着职工的主人翁地位能否得到公平、公正的实现。只有维护职工的知情权，才能真正保障职工的建议权和监督权，使得民主管理落到实处。

（三）流程渠道要通畅

员工诉求服务体系的建立，充分体现了公司坚持以人为本，面对面、心贴心、实打实为职工服务的理念，通过亲情关怀、理性对话，引导员工合理表达自身诉求，及时掌握员工需求，有效疏导职工心理，帮助职工解决实际困难和问题，搭建企业与员工心灵沟通的桥梁，真正意义上实现企业与员工的良性互动。

近年来，在国网平顶山供电公司的指导下，石龙供电公司工会以服务职工诉求"多平台"建设为抓手，加大职工专业技术和技能人才培养力度，夯实了一线职工队伍的职业素养和业务技能，塑造了一支高素质职业化职工队伍。同时，让职工在职场工作中找到快乐成长成才的成就感和归属感，为公司体制机制改革和"子改分"模式的推进营造了健康和谐的发展环境。下阶段，我们将以更高昂的斗志，更负责任的态度，统一思想，开拓思路，革新手段，严格执行公司的工作部署，服务大局，突出特色，注重效果，进一步提升民主管理水平，为企业健康、有序、和谐发展积蓄内在力量，提供不竭动力。

职工代表述职常态机制建设
成果报告

郑学忠　谢　丽　门雪娅　王鹏飞

（国网汤阴县供电公司工会）

一、公司工会基本情况

近年来，在上级工会组织及公司党委的正确领导下，国网汤阴县供电公司职代会民主管理建设工作有了较大的进步和发展。源头参与民主管理的制度建设日臻规范，代表和维护职工合法权益的民主管理职能不断强化，民主管理在围绕企业中心、服务企业和服务职工中的作用有效发挥，工会组织的地位得到不断巩固和提高。先后荣获了全国模范职工之家、全国职工书屋示范单位、全国"安康杯"竞赛优胜班组、全国"巾帼文明岗"、省级五一劳动奖状、省级学习型组织标兵单位、省级厂务公开民主管理示范单位、省级和谐劳动关系模范企业、省级劳动争议调解先进单位、省级安康杯竞赛优胜企业、省级职工书屋示范单位、省公司"双十佳"职工书屋等荣誉称号。

二、实施背景

随着现代社会的发展，在企业改革创新的需求下，重要议案和涉及职工切身利益的改革方案在日益增多，企业和广大职工群众要求职工代表提高其参政议政能力，正确行使代表权力的呼声也越来越高。这有力地体现了职工代表大会在企业的地位和作用越来越重要，同时，也给职工代表提出了更高的要求和希望。在这种情况下，推行职工代表述职制度，是增强代表责任意识，提高职工代表素质，发挥代表参政议政作用，开好职工代表大会的一个重要前提。

（一）深化企业民主管理的需求

民主筑和谐，聚力谋发展。推行职工代表述职制度与民主测评制度是提升企业民主管理水平的有效途径，是企业完善管理、提升效能、科学发展的重要保证。只有健全完善职工代表履职制度和职工群众监督机制，将职工代表置于广大职工群众的监督之下，才能真正促使职工代表替群众说实话、办实事，积极参与到企业的民主决策和民主管理中来，充分发挥职工代表的才能和作用，促进企业和谐发展。

（二）提升职工履职能力的需求

职工的综合素质和履职能力决定着企业的发展成败。要做到使职工代表想履职、能履职、会履职、履好职，就必须建立完善的职工代表述职制度和监督机制，扎实稳步推进开展职工代表述职与民主测评工作，有效提升职工代表自身综合素质，让职工代表清楚地认识到企业的发展战略、生产经营现状和履行的经济责任、社会责任、政治责任，从而明确自己在企业发展进程中担负的责任、履行的代表职责及岗位奉献的重要性，提高对企业的关心融入度，凝聚价值认同，激发创业动力，从而自觉参与企业的发展决策、生产实践和工作落实。由于缺乏职工代表履职监督机制，缺乏压力感、责任感和紧迫感，导致履职意识和能力不足。

（三）促进公司健康发展的需求

浓郁的民主气息、和谐的创业氛围、风清气正的干事环境，是企业健康发展的根本保证。发挥好职工代表的履职能力，提升企业民主管理水平，服务公司健康、和谐、可持续发展，就必须推行实施职工代表述职制度与民主测评制度，建立职工代表履职监督体系。针对职工代表履职及职工群众监督管理工作存在的问题和不足，国网汤阴县供电公司积极探索和构建监督管理模式，着力打造常态化的监督运行体系，积极提高制度化、规范化、科学化工作水平，提升职工代表自身综合素质，发挥好职工代表参与企业民主管理的作用，更好地服务公司和电网科学发展。

三、建立职工代表述职制度与民主测评制度的现实意义

职工代表述职制度就是职工代表向所代表的基层单位职工报告一年来的主要工作，并接受职工测评的制度，建立并实施职工代表述职评议制度的意义主要在于：

一是有利于对职工代表行为实施有效监督。建立职工代表述职测评制度，是建立一套约束职工代表行为，对职工代表进行监督的一种有效形式。职工代表本身是职工群众选出来的，代表和维护广大职工群众的具体利益，理应受到职工群众的评议和监督。在日常工作中，个别职工代表在其位，不谋其政，不能很好地履行职工代表的职责，不能及时了解和反映职工群众的意见和呼声，没有尽到应尽的责任。二是有利于密切职工代表与职工的联系。使职工代表进一步认清他们与职工间是产生与被产生、选举与被选举、监督与被监督的关系，促使职工代表深入基层，听取职工呼声，反映职工诉求，竭诚为职工服务。职工代表不认真履行职工代表职责，就可能通过职工代表述职制度的开展测评结果而被罢免或难以连任。只有职工代表深入职工群体去了解、调研，才能真实代表职工监督民主、反映意见；也只有密切职工代表和职工的联系，才能把工会组织建设成受广大职工群众信赖的"职工之家"。三是有利于职工代表素质的全面提升。述职制度使职工代表在任期内始终充满一种责任感、紧迫感，从而激发职工代表自我提升素质的愿望，保持其先进性，对于促进和谐企业建设具有强大的推动作用。四是有利于激发职工代表努力学习，提高素质，自觉履职，不断增强工作的积极性、主动性和创造性，提升整体工作水平。让职工代表明白：一名合格的职工代表，需要具备一定的参政议政能力，而要成为一名优秀的职工代表，更需要深入调研，撰写具有广泛代表意义的优秀提案，提出反映职工心声与愿望的合理化建议。五是有利于提高职工与企业同呼吸、共命运的自觉性，让职工听取自己所推举的职工代表述职并对其进行测评，把监督职工代表的权利交还给职工，让职工真真切切地感受到自身在政治生活中的地位和作用。通过推行职工代表述职制度与民主测评制度，增强了企业职工的主人翁意识。六是有利于进一步提高职代会质量，而职代会的质量决定

着，是否能全面落实好职代会的各项决议，大会是否议而有决，决而有行、行而有议，能否让广大职工感受到职代会不是流于形式，形同摆设，而是真正发挥了作用。七是推行职工代表向本单位职工群众讲述自己履行职责情况的述职制度，能通过接受广大群众的评议、检阅和监督，提升职工代表参政议政的能力，正确行使权利、明白履行义务。这一制度的坚持和落实，强化了职工代表的责任感和使命感，使职代会精神得到了有效的贯彻落实，高素质的职工代表组成的职工代表大会，水平自然就会提高。

四、项目实施载体范畴

国网汤阴县供电公司工会实行职工代表述职制度与民主测评制度覆盖 4 个基层分工会，职工代表 83 人（男代表 65 人、女代表 18 人），其中行政分工会 14 人、营销分工会 26 人、生产分工会 20 人、易源公司分工会 23 人，工会小组 32 个。

五、项目实施目标

项目实施目标是贯彻落实《国家电网公司职工民主管理纲要》，开展职工民主管理示范项目，建立完善职工代表述职制度与民主测评制度，使职工代表述职工作逐步形成全公司职工民主管理专项工作精益严谨、整体工作运行规范的新局面。

六、项目开展前后效果对比

项目开展前，职工代表素质不同；职工代表的作为意识不强；不能很好地履行职工代表的职责，不能及时了解和反映职工群众的意见和呼声；撰写提交的代表提案职工福利待遇方面多，生产经营方面少。实行职工代表述职与民主测评制度，改变了过去职工代表只监督别人、自己无人监督的局面，使职工代表时刻牢记自己的身份和职责，对职工代表的行为起到了自我约束和外在制约的双重功效，并把优秀职工代表提案奖作为评选优秀职工代表的重要条件，充分调动了职工代表撰写提案的积极性。职工代表提案质量提升对比见表 1。

表 1			职工代表提案质量提升对比表		
提案类别	生产经营 / 个	职工福利 / 个	百分比 /%	提案数量 / 个	优秀提案数量 / 个
2017 年	9	13	31	29	4
2018 年	25	12	67	37	12

七、项目实施过程

一是建立组织机构，成立项目组，由公司工会主席任负责人，工会办公室主任、4 个分工会主席为成员，确保项目按计划有效开展。二是制定项目实施方案、职工代表述职实施办法和职工代表述职流程图。三是建立完善规范、标准的工作制度和内容规范、形式规范、流程规范的操作程序，开展职工代表述职和职工群众民主测评工作，职工代表要按照职工代表的权利和义务，结合本身的履职情况，实事求是地向选区职工群众述职，并接受职工群众民主评议，根据评议结果，推选优秀职工代表。四是通过推行职工代表述职制度，进一步促进职工代表参与企业民主管理的积极性，不断提升民主管理职代会建设的质量和水平。

举办职工代表培训班，提升代表自身综合素质及履职和提案撰写能力。

为进一步提高职工代表自身综合素质，提升参政议政能力，国网汤阴县供电公司自 2018 年举办职工代表培训班以来，每年定期组织公司职工代表参加培训。通过培训学习，使职工代表学有所获、学有所用，拓宽了视野，增长了知识，就如何当好职工代表以及职工代表所拥有的权利和应履行的义务有了更深刻的认识和理解，增强了当好职工代表的责任感和使命感。

八、主要做法

一是组织职工代表进行年度述职，见图 1，职工以"优秀、称职、不称职"三个档次对职工代表进行无记名民主测评，测评结果在职工代表联席会议上公布。二是建立职工代表激励机制。设立了优秀职工代表提案奖，依据职工代表履行职责实绩，优先推荐参评优秀职工代表。三是加强职工代表动态考核，根据职工代表联系职工、提案提报、参加培训、述职测评、

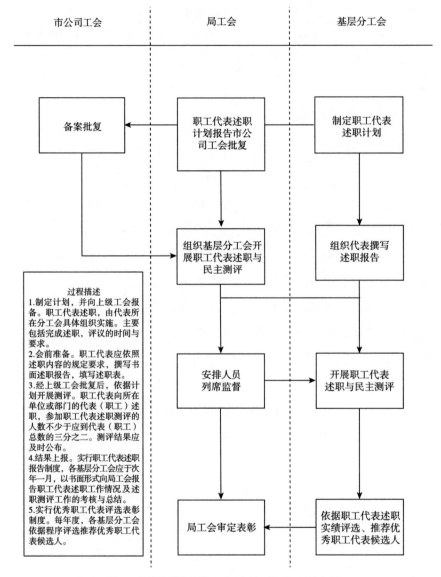

市公司工会	局工会	基层分工会

过程描述
1.制定计划，并向上级工会报备。职工代表述职，由代表所在分工会具体组织实施。主要包括完成述职，评议的时间与要求。
2.会前准备。职工代表应依照述职内容的规定要求，撰写书面述职报告，填写述职表。
3.经上级工会批复后，依据计划开展测评。职工代表向所在单位或部门的代表（职工）述职，参加职工代表述职测评的人数不少于应到代表（职工）总数的三分之二。测评结果应及时公布。
4.结果上报。实行职工代表述职报告制度，各基层分工会应于次年一月，以书面形式向局工会报告职工代表述职工作情况及述职测评工作的考核与总结。
5.实行优秀职工代表评选表彰制度。每年度，各基层分工会依据程序评选推荐优秀职工代表候选人。

图 1　国网汤阴县供电公司职工代表述职流程

参与民主管理活动以及本职工作完成情况等内容对职工代表进行综合评定。根据综合评定情况，年度述职测评满意率低于 90% 作为评选优秀职工代表一票否决的条件，对测评满意率低于 80% 的职工代表，劝其自动辞去代表职务，或按照程序依法进行撤换。对优秀职工代表，给予表彰奖励（每月享受补贴 100 元）。实行职工代表述职制度与民主测评制度，增强了职工代表履职履责的主动性和自觉性，密切了职工代表与职工的联系，保持了职工代表队伍的生机和活力，有效提升了职工代表的参政议政能力和维权工作水平。

九、项目实施效果

一是加强了职工代表的作为意识。通过推行职工代表述职制度与民主测评制度，使职工代表充分认识到参与述职制度是展示自己、锻炼自己、提高自己的重要手段，是使领导干部和职工群众进一步了解自己、认识自己、信任自己的重要渠道，激发了职工代表的责任感和荣誉感。二是提高了职工代表履职尽责的能力。如：组织职工代表深入到职工群众中，对厂务公开情况和职工关心的"热点"问题等进行调研，职工代表对职工群众反映的问题认真梳理汇总，形成书面报告，向有关领导和职能部门反映，为领导民主决策提供参考依据。同时，作为每年一次的职工代表述职内容，向广大职工汇报参政议政和参与厂务公开的履职情况，杜绝了以前有的职工代表进行会议审议表决时，只举手不思考，撰写的提案脱离客观实际，不能代表广大职工的心声的情况。通过推行职工代表述职制度与民主测评制度，有力强化了实行职工代表述职制度与民主测评制度的目的，使得职工代表进一步明确了自身定位和岗位职责，增强了压力感和责任感，得到了广大职工群众的积极认可和广泛好评。三是设立优秀职工代表提案奖，并将职工代表撰写的提案纳入代表履职履责实绩考评范围，被评选为优秀职工代表提案奖的代表由分工会优先推荐参评公司优秀职工代表。2018 年征集职代会提案 37 件，涉及安全生产、经营管理的提案占 67%，12 件代表提案被评为优秀职工代表提案，提案质量进一步提高。四是推行职工代表述职与民主测评制度，改变了过去职工代表只监督别人、自己无人监督的局面，使职工代表时刻牢记自己的身份和职责，对职工代表的行为起到了自我约束和外在制约的双重功效，并把优秀职工代表提案奖作为评选优秀职工代表的重要条件，充分调动了职工代表撰写提案的积极性。五是推行职工代表述职与民主测评制度，有效避免了职工代表的不作为行为，克服了消极麻痹思想和松劲畏难情绪，提高了职工代表自觉履职的能力和水平，促进了职工代表积极深入基层班组，及时掌握一线员工思想动态，倾听职工群众呼声，了解职工群众意愿，真实地收集到职工的肺腑之言，充分挖掘职工身上蕴藏的巨大潜能，调动职工的积极性，从而为进一步构建人企和谐局面发挥积极的推动作用。

"分岗式"民主恳谈
"长效型"机制交流

刘菲菲　孔晓敏

（国网濮阳县供电公司工会）

一、实施背景

企业民主协商对话制度是在企业深化改革过程中，通过实践逐步形成的一种民主监督、民主管理制度，是扩大基层民主、推进企业民主建设和实行厂务公开工作的有效途径，它对于贯彻党的全心全意依靠工人阶级的方针，加强企业民主管理，完善企业内部监督制约机制，发挥职工主人翁积极性，加快建立现代企业制度，促进企业和谐、稳定、快速发展，都具有十分重大的意义。

近年来，国网濮阳县供电公司坚持"全心全意依靠职工办企业"和"两个关爱"的原则，把推进企业民主管理机制建设作为推进企业民主政治建设的大事来抓，形成了一整套党政工齐抓共管、各部门密切配合、组织健全、制度完善、形式规范、收效显著的工作机制。民主恳谈会是民主管理的重要形式之一，是激发职工主人翁精神，凝聚职工智慧，调动职工工作积极性、创造性和增强团队合作意识的有效平台。在以往的实施过程中，都是管理层围绕干部职工普遍关心的热点、难点和疑点问题召开全员性的民主恳谈会。2019年，国网濮阳县供电公司提出"小炉子、大管理"理念后，公司工会从民主恳谈会工作模式中总结经验，找到了"分岗式"民主恳谈、"长效型"机制交流这种新的形式和载体，使民主恳谈会转到了基层民主管理建设的层面，并不断深化，取得显著效果。

二、主要做法

公司党政领导明确指出，推进企业民主管理是工会组织的一项重要工作，但绝不能工会唱"独角戏"，需要党、政、工三位一体合唱"一台戏"。工会工作既要依靠党委的领导，又要积极争取行政领导的全力支持，只有相互协调配合，企业才能充分体现出"党的核心作用，行政中心作用，工会民心作用"。

"分岗式"民主恳谈改变了以往全员性民主恳谈的形式，变为国网濮阳县供电公司工会每个季度邀请公司领导、组织机关干部、定点联系基层岗位职工参加的民主恳谈会。谈话内容主要有：一是了解热点问题，了解职工个人工作和生活情况，以及他们关注的热点、焦点问题；二是听取意见建议，听取职工对公司生产经营、改革发展方面等方面的意见建议，以及个人相关诉求和愿望；三是耐心释疑解惑，围绕职工的不解和疑问，积极宣贯相关政策制度。

开展后，效果非同凡响，在恳谈会上，大家看到干部跟职工之间的意见激烈交锋，并确实讨论、解决了一些问题，令人耳目一新。这种形式已经超出了思想政治工作这个载体的领域，是基层民主管理的新形式。不但给管理者提供了一个有效抓手，深入了解职工心声，广泛征集管理建议，而且使民主恳谈会真正起到了"上情下达，下情上达"的作用。以此为契机，公司民主恳谈活动逐渐深化，大致经历了以下步骤：

（一）集中主题

在民主恳谈会开展的过程中，公司工会越来越认识到，一次恳谈会不可能解决所有的问题，必须把每次恳谈会的议题集中，即每次每岗恳谈会都要有一个非常明确的主题，讨论什么问题，解决某项事情，以切实提高恳谈会的成效。

（二）议题方面

以往在会上职工提出的问题多数为自己的事情，深化以后慢慢转变为讨论公司安全生产、岗位交流等方面的问题，并且每次都有集中、明确的议题。以前有议题的话也比较宽泛，而且职工的提问往往会超出议题范围，会出现职工所提问题无法给予肯定答复，就暂时搁置的情况。"分岗式"以后由公司工会先对问题进行调查研究，拟出几种可以让职工讨论和选择的初步方案，然后交由职工进行讨论，有较强的针对性。

（三）通知内容

以前召开恳谈会仅通知时间、地点和主题，会议开始后，再由公司领导介绍详细情况，会上如有初步方案，职工继续进行讨论。"分岗式"后，公司工会将通知和初步方案同时公布，让职工在恳谈会召开前有更多时间充分进行讨论，使参会的岗位职工更有代表性，使恳谈会开出更高的质量。

（四）人员的确定

民主恳谈会以前不指定参加人员，通知后，职工自愿参加。现在由公司工会通知相应的不同岗位职工参加，这样更能保证恳谈会的有效性。参会员工名单一般由班组站所直接确定，当他们无法确定时，就召开会议讨论，最后由部室确定。此阶段在数量上都有具体的规定。

（五）管理机制

民主恳谈会所收集到的意见建议由公司工会进行梳理汇总，实施"统一受理、集中议事、责任归口、跟踪督办、受理反馈、定期汇报"，重要事项通过公司总经理办公会（党委会）进行研究决定，形成闭环管理工作流程，真正实现交流无障碍。

三、实施效果

2019 年，国网濮阳县供电公司共召开 28 次恳谈会，大家本着为企业负责、为自己负责的态度畅所欲言，把工作及生活中遇到的困难当场提出来。恳谈会上对职工提出的减少基层班组办公生活物品维修申请手续的建议，公司领导与大家进行深入探讨后，会上就给予职工满意的解决方案。对于恳谈会上习城供电所提出的偏远供电所职工健身文体活动的问题，公司早早着手，根据站所场地实际情况，在六个基层站所进行室内或室外的文体室建设，为基层职工购置乒乓球台、跑步机等健身器材，舒缓日常工作压力，丰富生产生活。公司领导承诺三年内基层站所文体活动场地达到全覆盖。

2019 年的民主恳谈会累计收到职工意见建议 65 项，当场决定整改解决 15 项，对于公司不能解决的 7 项问题及时上报上级部门，不能解决的 2 项问题对职工进行耐心的解释。先后解决了关键岗位交流、建立优秀人才库、完善供电所生产生活设施等实际问题。采取新形式的民主恳谈会模式后，发生了一系列的变化，主要体现在：推动了两个转变，即领导方式的转变和干部作风的转变；强化了两个协调，即干群关系的协调和机关与基层班组关系的协调；实现了两个促进，即促进了企业健康发展、促进了基层班站稳定。

四、创新总结

国网濮阳县供电公司开展的民主恳谈活动，坚持党的领导，凝聚合力、发挥作用，形成"党组织领导、行政支持、工会牵头、多方配合"的工作机制，目的就是实现职工的事情职工自己做主，干部的工作职工来监督，增加工作的民主性和透明度。新形式的民主恳谈会，有"管理岗"的参与，强化了干部责任感，有"操作岗"的参与，更贴近了生产、生活，拉近了职工与领导之间的距离，加深了信任，职工更加团结一致，提高了广大职工投身工作的积极性。

基层供电企业民主管理工作是一个长期性、历史性的任务，贯穿于企业发展的全过程，我们要继续在十九大精神指引下，厘清工作思路，加强工作谋划，内化于心，外化于行，进入头脑，融入血脉，站在新起点，不断探索，不断创新，不断总结经验，为推进基层供电企业民主管理工作再上一个新台阶继续努力奋斗！

职代会质量评估管理机制建设

王　慧

（国网内黄县供电公司工会）

　　职代会是保障职工民主权利、促进职工和企业共同发展的有效平台和载体，职工代表大会制度是企业民主管理的基本形式，是职工参与企业管理、实行民主监督的主要渠道。2019 年，国网内黄县供电公司结合公司实际，严格按照《国家电网有限公司职工代表大会质量评估办法》及省、市公司职代会质量评估工作要求，认真组织开展职代会质量评估工作，努力提升企业民主管理水平，有效维护了广大职工的合法权益和职工队伍整体稳定。

一、实施背景

　　国网内黄县供电公司是国家一流县级供电企业，担负着 17 个乡镇、523 个行政村、32 万户的供电任务。目前，公司用工总量 989 人。公司现有 220kV 变电站 2 座，110kV 变电站 6 座，35kV 变电站 13 座，内黄电网连续安全生产天数突破 11000 天。公司先后荣获全国模范职工之家、中华全国总工会职工书屋、全国职工读书工程示范单位、河南省'安康杯'竞赛优胜单位、河南省先进基层党组织、安阳市"劳模工作室创建先进单位"、安阳市"五一劳动奖状"、安阳市厂（企）务公开民主管理五星级示范单位和安阳市工资集体协商工作先进单位等多项荣誉。

二、主要做法

　　（一）健全完善机制，职代会各项工作规范运作

　　1.强化组织领导

　　建立职代会质量评估工作领导小组，评估工作在党组织领导下实施，

公司行政重视和支持职代会质量评估工作，对提出的整改意见和措施积极督查落实。质量评估结果与各类先进综合评选挂钩。明确各分会对职代会质量评估工作负有组织实施责任，要会同纪委、党办、人事部门具体落实职代会质量评估的各项工作。公司工会加大对各分会职代会民主管理工作的指导力度，根据不同产权、规模状况进行分类指导，对评估考核工作出现的新情况、新问题加大研究和探索力度，使职代会制度更好地为协调劳动关系，营造深化改革、促进发展的和谐氛围服务。

2. 突出工作方式

每年进行一次职代会质量评估工作，评估考核采用自评、互评相结合的方式进行。一是听取企业职代会民主管理情况介绍，主要包括职代会职权落实、制度运作、决议执行等方面的情况；二是查阅职代会有关文件资料；三是个别访谈或召集职工代表座谈；四是组织职工代表填写《职代会质量评估测评表》。要求各分会组成职代会质量评估工作小组，负责对本分会职代会运作质量进行评估。上级组织建立职代会质量评估工作小组，对基层职代会运作质量开展评估检查。根据评估中存在的问题和不足，相关部门提出整改措施，公司工会督查整改情况。

3. 细化工作内容

一是评估职代会制度运作情况。重点评估职代会制度是否健全，运作是否规范，落实是否到位，职工是否满意；职代会审议通过的决议事项的民主性、公开性和程序性，约束超越职代会职权的随意行为，体现法律赋予职工的民主管理权利。二是评估职工代表的产生和管理情况。重点评估职工代表结构比例、产生程序及代表替补更换制度是否合理规范；结合自身特点建立职工代表培训计划和考核办法情况；代表联系职工的具体情况。三是评估职代会决议执行情况。重点评估经职代会审议的方案或职代会形成的决议的实施情况；职代会表决通过的方案、制度是否贯彻实施；对要求重新修订的相关决议是否按规定的民主程序，经过充分协商并提请职代会重新审议。四是评估职代会闭会期间的工作落实情况。重点评估职工代表巡视、平等协商议题征集、合理化建议的征集和办理、改革改制方案完善等民主管理活动情况。五是评估职代会职权落实情况。重点评估职代会行使的对重大决策的审议建议权，对涉及职工切身利益问题的审议通过权，对生活福利问题的审议决定权，对企业领导干部的评议监督权和民主选举权等职权的落实情况等。

（二）抓住五个关键，职代会质量评估有序开展

1. 紧扣职工公认的关键主体

即职代会质量评估要坚持走群众路线，广泛听取职工代表和职工群众的意见，使质量评估的结果真正反映职工群众的意愿。公司组织 90 名职工代表对公司职代会质量评估进行了民主测评，测评满意率 100%。

2. 坚持依法评估的关键原则

要求各分会切实按照《国家电网有限公司职工代表大会质量评估办法》和省、市公司职工代表大会质量评估工作的有关要求，认真组织实施评估。

3. 抓好会前报表、职工提案和民主评议三个关键环节

严格落实职代会法定程序，重点评估检查会前报表、职工提案和民主评议三个关键环节，真正把职代会民主管理落到实处，切实提高职代会满意率。

4. 落实即评即改的关键环节

即职代会质量评估要促进职代会质量、程序规范、民主作风、会务安排等内容的改进和提高。要与时俱进，根据新的情况和发展要求不断完善，切实保证职代会各项职权的落实。

5. 坚持注重实效的关键原则

要求把保证职工依法直接行使民主权利，保障职工合法权益，促进企业民主管理的制度化、规范化建设，促进公司改革、发展和稳定作为职代会质量评估的重要内容。

三、工作成效

近几年，公司通过全面实施和深入推进职代会质量评估工作，企业民主管理水平稳步提升，职代会各项职权进一步落实，职代会质量评估管理机制建设成效显著。

（一）民主管理水平进一步提高

公司内一些基层分会厂务公开民主管理工作基础较为薄弱。通过近几年的职代会质量评估工作，使厂务公开民主管理工作有了明显起色：一方面，根据公司实际，制订了一系列切实可行的制度办法，要求各基层分会认真贯彻执行，有效地提升了基层分会的厂务公开民主管理工作水平；另一方面，大力开展职工诉求调研、丰富多样的文体活动、职工疗养等工作，在增强企业亲和力、凝聚力上做了大量实实在在的工作，促进了干群关系、人际关系的进一步融洽，凝心聚力，形成了同心同德、奋发向上的可喜氛围。

（二）职工主人翁意识进一步增强

通过职代会质量评估检查，公司领导进一步增强了依靠职工群众办企业的意识，大力开展合理化建议、一句话建言献策、职工代表述职、职工代表巡视、职工提案等工作，增强了职工的主人翁责任感，调动了职工的工作学习积极性。基于这种认识，公司对中层以上干部加强了群众观念和民主作风的教育，落实了一系列依靠职工办企业的措施，并重视了对职代会和厂务公开工作的组织领导。

（三）职代会各项职权进一步落实

公司根据新形势的要求和企业实际情况，突出重点，抓住难点，扎实有效地开展职代会各项工作，真正把职代会的职权落到实处。现在公司领导干部普遍感觉到企业的重大事项、重大决策和重大问题只有事先提交职代会审议、讨论和表决，贯彻实施起来才会比较顺利。因此，他们对职代会的职权都比较尊重：提交职代会审议、讨论和表决的内容范畴已越来越广泛，尤其是企业改革改制方案、部门年度综合考核情况、职工收入分配方案集体合同履行情况等涉及职工切身利益的文件、制度都能主动提请职代会审议表决；对职代会在民主评议干部、参与选聘企业经营者、组织代表巡视检查等活动中提出的各种意见和建议也给予了应有的重视。

（四）职代会各项制度进一步完善

结合公司改革发展的实际，切实加强民主管理和厂务公开相关制度建设，对《职工代表巡视检查制度》《职工代表大会实施细则》《厂务公开和民主管理实施细则》等原有制度进行修订，并推出了《劳动争议调解委员会管理办法》《平等协商和集体合同实施办法》《职工权益保障制度》等顺应企业发展进步的一系列新制度，从而使企业民主管理和厂务公开的制度体系得到了进一步完善。

总之，国网内黄县供电公司通过近几年的不断探索和实践，在职代会建设方面取得了一定成效，广大职工的主人翁意识明显提高，促进了公司和谐发展。下一步，内黄县供电公司将继续努力，针对工作中发现的问题和不足，采取有效措施，进一步促进职代会质量评估管理机制建设，提高职代会运行质量。

拓宽民主管理渠道　构建和谐劳动关系

张建民　孙　磊　王　蕾

（国网平舆县供电公司工会）

　　构建和谐企业是全面建成小康社会的重要组成部分，企业中最可靠、最坚实的基础就是广大职工群众。一直以来，国网平舆县供电公司坚持以习近平新时代中国特色社会主义思想为指导，坚持党的领导，坚持全心全意依靠职工办企业的方针，以职工群众为核心要素，以互动沟通的活动形式为载体，切实把项目创建工作贯穿到企业安全生产、电网建设、优质服务等重点工作中，着重构建和谐的劳动关系，促进企业健康和谐、科学稳定的发展。近年来，平舆县供电公司先后获得全国"安康杯"竞赛优胜单位、全国职工书屋示范点、河南省文明单位、河南省劳动关系和谐模范企业等多项荣誉称号。

一、创建背景

　　和谐劳动关系是企业稳定发展的前提与基础，民主管理是社会生产力发展的必然要求。企业和职工是密不可分的共同体，作为贯彻全心全意依靠工人阶级指导方针的重要举措，民主管理的质量和效率关系着职工的主人翁地位能否得到公平、公正的实现。企业的和谐是社会和谐的基础，要构建和谐的劳动关系，首先必须要坚持民主管理，离开了民主，就不可能和谐。因此，国网平舆县供电公司将拓宽民主管理渠道作为构建和谐劳动关系，促进企业和谐的重要手段，也作为工会工作最重要的切入点。

　　近年来，国网平舆县供电公司将民主管理融入企业各项工作，共建和谐企业，促进企业健康快速发展，让公司干部职工共享发展成果，并作为夯实公司发展的基础性工作，实现了企业与职工利益的和谐双赢。

二、创建思路和方法

国网平舆县供电公司通过实践，以职代会、企务公开、合理化建议、职工代表巡视为主要形式，不断深化企业民主管理，确保职工在企业管理与发展上的知情权、管理权、参与权和监督权，提升民主管理水平。

一是坚持和完善以职工代表大会为基本形式的职工民主管理、民主监督制度。二是以河南省电力公司职代会标准化作业书为指导，以标准化作业流程促进职代会科学发展。三是扎实有效推进企务公开工作。按照河南省电力公司企务公开"531"工作推进法（即对企务公开工作规范五个层面标准体系、推行三项管理工作制度、建立一个"四考"联动机制。）要求，进一步完善了《国网平舆县供电公司企务公开制度及实施办法》，企务公开率达95%以上，职工满意率达90%以上。四是不断拓宽民主管理渠道。坚持总经理联络员制度，畅通了公司领导与员工的联系沟通渠道，切实发挥了民主管理直通车作用。

三、创建情况

（一）夯实民主管理基础，坚持和完善职代会制度

国网平舆县供电公司严格执行《职工代表大会条例实施细则》，切实做到凡涉及企业改革方案和员工切身利益的重大事项未提交职代会审议不实施，未经职代会表决通过不生效。通过职代会的召开，广大职工代表参政议政，围绕企业安全生产、经营目标、优质服务以及生活福利等员工关心的热点、难点问题积极献计献策，畅所欲言，贡献了智慧和力量。

在职代会召开的过程中，国网平舆县供电公司认真做好会前准备，组织职工围绕大会的中心议题和任务，做好提案征集工作。提案征集上来后，迅速进行审查、归纳和立案，分别转递到有关领导和部门负责落实和答复，并在规定的时间内用书面形式将落实情况返回职代会，向提案人反馈和说明有关情况。

（二）构建民主管理平台，坚持依靠职工群众推进企业改革和发展

国网平舆县供电公司依托民主管理示范项目创建活动，站在"以人民为中心"的角度，搭建干群沟通平台，创造了领导与员工沟通、对话共建和谐企业的新载体，公司工会主席带队深入各个基层班组以职工思想动态为主题开展员工动态调研，面对面"零距离"倾听职工心声，变堵为疏，巧解职工"心结"，打开职工心里的"疙瘩"，创新构建和谐的劳动关系，及时答疑解惑，聚人心，鼓士气，极大激发了员工参与企业管理的热情，催生职工奋发向上的勇气，赢得职工发自内心对企业的支持和拥护。

（三）坚持和完善以职工代表大会为基本形式的职工民主管理、民主监督制度

国网平舆县供电公司按照《中华人民共和国工会法》有关规定，强化措施，充分发挥职能作用。一是按照职代会条例规定，坚持贯彻落实每年两次的职工代表大会制度，审议公司的发展规划、年度总结和年度计划、财务收支计划报告以及其他改革、发展的各项重大决策方案。二是维护职合法权益，维护职工利益，尊重职工劳动，发挥职工的积极性，科学地协调企业与职工整体之间的利益，明确企业与劳动者双方合作共事的权利和义务，发挥职工代表的监督职能，作为企业发展的大计，较好落实了职工当家做主的民主管理、监督权利和党全心全意依靠工人阶级的指导方针。

目前，国网平舆县供电公司已经形成了这样的制度：凡是企业改革的重大方案，都需提交职代会审议；凡是提交职代会审议的重大问题，须待职工代表充分发表意见、达成共识后才能做出决定；凡是职代会通过的决议，党政领导带头执行。广大职工通过实实在在的参与，感受到了自身在企业中的地位和作用，从而增强了自豪感和紧迫感。

（四）构建和谐劳动关系平台，不断完善职工与企业和谐发展工作机制

一是始终把依靠职工办企业视为企业的生命线。二是健全了平等协商制度。三是深入实施"送温暖"工程，坚持"十必访"制度，及时探望伤病住院的员工，参与处理职工家属婚丧嫁娶事宜。四是扎实推进人文关怀。

关注员工精神需求和身体健康，不断提升员工幸福指数。国网平舆县供电公司被河南省人力资源和社会保障厅、河南省总工会、河南省企业联合会/河南省企业家协会授予"河南省劳动关系和谐模范企业"荣誉称号。

（五）逐步建立理顺协商机制，调动员工积极性

国网平舆县供电公司高度重视运用协商沟通的方式解决问题，每次签新一轮集体合同前，都要召开平等协商会议。在规范建立的工作程序上，执行"制订计划，征求意见；起草合同，协商谈判；职代会通过，双方签字；上报审核，公布生效"的方针。实践证明，这个办法在促进规范运作方面是比较有效的。

近年来国网平舆县供电公司主要从以下方面进行维权工作。一是充分发挥集体合同的使用。每年初，公司总经理都要与职工代表经集体协商后，签订集体合同，把职工的劳动保护、休息休假、劳动报酬等关系职工切身利益的内容作为主要条款写入集体合同，确保职工各项权益的落实。并加强对集体合同落实情况的监督检查，确保合同的全面落实，建立了平等融洽的劳动关系。二是采取源头参与的办法，充分发挥职代会作用，对涉及职工切身利益的重大改革举措，都通过职代会进行审议把关，使之尽量符合实际，合情合理，兼顾企业和职工的双方利益。三是对职工提出的意见建议，都及时向党政领导汇报，予以协调解决。几年来，国网平舆县供电公司上下协调融洽，团结一致，没有发生一起劳动争议和上访事件，确保了企业稳定健康快速发展。

（六）深化民主管理内容，扎实有效推进企务公开工作

近年来，国网平舆县供电公司始终秉承"重大决策科学化、队伍建设民主化、经营管理程序化、重大事项公开化"的企务公开原则。把员工利益作为"第一要务"，把员工满意作为"第一追求"，将企务公开工作内涵不断延伸。以公司网站、公告栏、宣传栏（屏）和意见箱为窗口，对涉及员工切身利益、企业改革发展方向的重大决策进行及时公布，使广大员工参与到企业管理、建设中去，让员工知情，让员工议事，让员工监督，实现了企业、员工公平对话，双向沟通。同时，公司还采取不定期更新公

司企务内容的方式，扩大员工对公司重大事项的知情范围。在实际工作中，公司在人事制度管理上实行了干部任免选聘公示竞聘制度；在物资采购上实行采购公开招标制度；对各项工作流程进行全面完善和严格规定，形成闭合管理，全过程监督，增强企业管理的透明度和科学性。

（七）完善民主监督体系，努力促进和谐干群关系

一是加强制度建设，完善民主监督体系。近年来，国网平舆县供电公司先后制定了《"企务公开、民主监督"制度实施细则》《领导班子和领导干部党风廉政建设责任制》《领导干部述职述廉制度》，以及岗位招聘、干部选拔、绩效考核等方面的公开制度。这一套制度体系起到了防微杜渐、关口前移和源头治理的作用，有效促进了干部的廉洁自律。二是对党风廉政建设、干部选拔任用等工作实行严格规范的公开。每年初，国网平舆县供电公司党委均要在党员干部和职工代表会议上报告年度党风廉政情况，每名领导干部还要在职工代表会议上报告廉洁自律情况，从而把领导干部廉政、勤政的情况置于广大职工的监督之下。同时，对新聘管理人员和新提拔干部全部进行任前公示，广泛听取职工意见。每年两次对公司中层以上干部进行民主评议，并把评议结果作为干部使用和奖惩的重要依据，从而使职代会民主评议和监督干部的职能得到充分的体现，给企业注入了新的活力。

四、创建效果和评价

国网平舆县供电公司发展到今天，随着各项政策的完善，职工队伍在悄无声息中变化，出现了不同利益的职工群体，使工会工作对象变得复杂。现在公司内部职工存在合同工、集体工、农电工、临时工等多种形式，由于所处的地位不同，其政治地位和经济待遇也有差距，职工队伍稳定和权益保障的问题随之而来。当前县级供电企业发展正处于转型时期，特别是国网平舆县供电公司体制改革起步较晚，随着人事结构调整和企业体制的转变，劳资矛盾日益突出。

民主管理工作是职工群众参与企业管理的重要方式，是推进基层民主

政治建设、保障职工群众当家做主权利的重要举措。国网平舆县供电公司通过紧密结合企业实际，彰显特色，全力推进，不断创新工作思路，强化民主管理，加强了基层民主政治建设，加快了现代企业制度的建设，协调了劳资关系，为构建和谐企业奠定了基础。从长远来看，为确保企业的健康发展，企业民主管理应进一步拓宽领域，丰富内容，创新工作载体，提升工作水平，使民主管理工作稳步推进，长盛不衰。

强化阵地　提升质效
推进和完善职代会规范化建设

赵志伟　尹迎旭　方　芳　陈春丽

（国网禹州市供电公司工会）

近年来，国网禹州市供电公司始终把加强职代会制度建设作为企业民主管理、维护职工切身利益、促进企业和谐稳定发展、密切工会与职工联系的有效途径。在职代会民主管理工作过程中，从健全完善职代会制度，强化过程执行，创新代表竞选机制、优化代表结构，提升代表素质和能力，发挥代表主体作用等多方面入手，积极推进职代会工作规范化建设，促进了企业发展，收到明显效果。

一、企业基本概况

国网禹州市供电公司辖 9 个职能部门，4 个业务支撑和实施机构，共有 23 个供电所，110kV 变电站 11 座，35kV 变电站 12 座，肩负着全市 26 个乡（镇、办）、657 个行政村、120 万人民群众的生产和生活供电使命。近年来，公司先后荣获全国"五一劳动奖状"、连续八年蝉联"全国'安康杯'竞赛优胜单位""全国模范职工书屋""国家一流县供电企业"；持续保持河南省"文明单位"称号。

二、职代会规范化建设开展情况

（一）健全职代会制度，为规范化建设打牢基础

国网禹州市供电公司始终坚持通过制度建设，规范职代会民主管理。通过认真落实国家电网有限公司职代会建设通用制度，明确职代会民主管理的职能、范围、目的和意义，明确职代会党委、行政和工会的关系，明

确职代会召开程序，明确职代会行使各项职权的流程，明确职工代表的条件、产生、罢免和撤换程序，确定了职代会闭会期间的各项工作流程，为职代会规范化管理奠定了坚实的制度基础。

近年来，国网禹州市供电公司在职代会民主管理工作中不断总结经验，加强持续改进，从简洁性和实用性出发，先后完善《职工代表大会工作规范》等，积极拓展职代会民主管理新形式，不断充实民主管理工作内容，建立完善了职代会联席会议制度、职工代表巡视检查制度、民主评议职工代表制度、总经理联络员制度等相关配套制度，为职代会民主管理工作规范化执行创造有利条件，职代会民主管理工作得到有序开展，形成了职代会会前有安排、会中有议题、会后有贯彻的良好工作局面。

（二）注重制度落实，为规范化建设提供保障

制度是前提，执行是关键。国网禹州市供电公司每年定期召开职代会，职工代表听取并审议《总经理工作报告》《职代会工作报告》，听取财务预决算报告、审计报告已成固定模式。每年年初职代会组织干部述职述廉和职工代表民主评议，职工代表评议结果作为干部业绩考核的重要依据。对于涉及职工切身利益的重要制度，出台前均采取各代表组广泛征求职工意见、职代会联席会议讨论修改、职代会审议通过的方式履行民主程序。近年来，国网禹州市供电公司积极尝试职代会票决方式审议表决重要事项，如2019年公司"集体合同"修订说明及续签等，完善了职代会民主决策的实现形式，收到良好效果。

职代会闭会期间，国网平舆县供电公司重视发挥职代会专委会作用，定期组织职工代表围绕职代会决议执行、安全生产、经营管理等重要事项开展督察。近年来，先后组织以"迎峰度夏保供电""劳动保护现场检查"和"生产现场安全监督"为主题的职工代表巡视活动，向公司相关部门和单位提出整改意见建议12条；公司每年年初征集职工代表提案，职代会提案委认真受理，对立案议题，督促相关部门组织落实，提案处理情况向提案人反馈，每年还评选表彰优秀建议。近两年公司职代会先后收到职工提案10多件，提案全部落实到位，并及时向提案人进行反馈，提案人满意率100%。

此外，国网平舆县供电公司重视发挥职工代表民主监督、民主决策作用，年度干部考评，组织职工代表参与进行评议，不断拓展职工代表参与民主管理的渠道。

国网平舆县供电公司工会作为职代会日常工作机构，注重加强自身建设，提高职代会民主管理工作质量。一是每年在制订工作计划时，把职代会制度的落实作为重点工作安排；二是落实工会标准化建设考核细则，细化对工会工作的考核；三是定期检查指导基层单位工会工作，促进公司职代会工作规范化，从而保障了职代会各项职能的有效实现，推动了企业民主管理不断深化，为构建和谐企业氛围、团结凝聚职工群众积极性、确保公司生产经营各项目标任务圆满完成奠定了坚实基础。

（三）优化代表结构，增强参政议事能力

国网平舆县供电公司始终坚持职代会换届时引入职工代表推荐与竞选相结合的方式，由各单位组织本单位人员进行推荐与竞选等方式产生本单位职工代表。职工代表竞选制打破了传统的推荐选举模式，激发了职工参政议事的热情，一批素质高、能力强、有参与意愿的职工通过竞选脱颖而出，当选为职工代表，职代会主体（职工代表）的素质和结构发生了积极变化。

首先是职工代表由过去的被动参与转变为主动参与，由以前的"要我当代表"转变为"我要当代表"，每个人都围绕如何当好代表制定了自己的"施政纲领"，参与企业管理的积极性普遍提高；其次是经过竞选，一批年轻、学历较高的"知识型"职工当选为职工代表，职工代表年龄文化结构得到优化；三是职工代表责任意识普遍增强，积极参加民主管理有关活动，主动思考提出意见和建议，建言献策的水平和质量明显提高。职工普遍反映，实行推荐与竞选制后，职工代表整体素质大为提高，确实能为职工群众说话办事，职工代表大会民主决策、民主管理、民主监督的作用日益显现。

（四）强化培训监督，提升代表履职能力

职工代表由职工选举产生，必须向选区职工负责。国网平舆县供电公司建立了民主评议职工代表制度，将代表述职与职工评议测评结合，督促职工代表正确行使职权，增强履责意识。公司每年定期组织职工代表述职，向职工报告履行代表职责情况，接受职工民主评议，对表现突出的职工代表进行表彰奖励，对不能履责、职工不满意的代表，建议选举单位进行撤换，有效促进职工代表增强"主人翁"意识，主动参事议事，敢于实事求是代表职工讲话，积极为企业献计献策。

国网平舆县供电公司重视提升职工代表综合素质。一是每年不定期邀请民主管理方面的专家教授为职工代表讲课，讲授职代会民主管理基础知识；二是通过座谈、交流、组织学习等多种方式，提高代表征求职工意见建议、积极建言献策能力；三是购置民主管理相关书籍，引导职工自学积累民主管理知识，收到较好效果。

国网平舆县供电公司加强职代会规范化建设，促进了企业各项管理，提高了干部职工民主管理意识，增强了职代会、工会组织的凝聚力。多年来，国网平舆县供电公司工会工作测评满意率均在 99% 以上。

工作方法思路拓宽　民主管理新意迭出

蔡　朵

（国网陕州供电公司工会）

职工代表听证制度的实施，充分调动了职工代表的积极性，增强了职工代表的荣誉感和责任感，增强职工代表说主人话、尽主人责、办主人事的意识，促进了企业与员工之间的双向沟通和理解，最大限度地满足了职工的知情权，焕发了职工对企业发展大局和重大事务的关注。在听证过程中，既维护了企业的利益，同时职工的合法权益也得到更好的维护。

2019 年，国网陕州供电公司工会在民主管理工作中，紧紧围绕"组织起来，切实维权"的主线，坚持"把握大局、找准位置、突出特色、创出水平"的工作思路，开展职工代表听证，增强职工代表参政议政能力，满足职工知情参与权利，加强职工民主管理、民主监督，拓宽企业民主政治渠道，为维护职工的合法权益，构建和谐企业做出了一定的贡献。具体做法如下：

一、领导重视，认识到位

在年初贯彻省市公司工会 2019 年工作重点中，国网陕州供电公司工会决定把"开展职工代表听证活动"作为新形势下电力工会工作的切入点，切实转变职工代表思想观念，提高职工代表整体素质，增强职工代表参政议政的能力。在实行职工代表听证制度的开始阶段，国网陕州供电公司领导给予高度重视，并把这项工作列入议事日程，要求各级领导统一思想，提高认识，有足够的自信心和开阔的胸怀，有主动接受监督的勇气，充分尊重和落实职代会各项职权，自觉接受职工代表的检查监督。同时，我们加大对职工代表的培训力度，邀请市、区总工会领导作了"中华人民共和国工会法""如何当好职工代表""职代会与工会"等专题讲座。通过培训和学习，从思想上增强了职工代表对企业生产经营管理知情权的重视程度和参与热情，提高了职工代表的参政议政能力和监督水平。

二、先易后难，逐步深入

职工代表听证开始时具有一定的难度，作为听证双方——职工代表和有关职能部门，在思想认识上必须有一个逐步接受的过程，不少人担心这会成为一种"纸上游戏"。职工代表对职代会是否能真正行使职权，要以什么样的态度监督质询职能管理部门的工作，心存疑虑。而职能管理部门则建议将听证会改为职工代表座谈会。国网陕州供电公司工会针对上述心态作了详细的分析，认为必须首先解决听证会主体双方的认识。工会主席在中层干部会上多次强调了实行职工代表听证会的重要性，指出听证会是职代会民主管理的创新和厂务公开工作的深入，听证会将为行政职能部门与职工之间构筑一个制度性的双向沟通和理解的桥梁，监督和促进行政职能部门进一步强化意识，转变工作作风，提高工作效率，促进企业各项工作目标的顺利完成，实现企业与员工的共同发展。听证会与座谈会的区别在于行为主体的不同，座谈会是行政管理部门邀请有关职工对某项工作发表看法和建议，不具有民主监督的严肃性，而听证会的主体是职代会职工代表，是职工代表正确和有效行使民主参与、民主监督权利的手段，对职能管理部门行使职权的合法性和围绕终极目标所做的工作进行听证和征询，监督和促进企业上下共同努力完成的工作，因此确定了"先易后难，逐步深入"的原则，从职工比较关心的、参与率较高而满意率较低的问题入手，取得经验，再逐步深入和推广。

三、实事求是，监督检查

国网陕州供电公司工会在民主管理的发展道路上逐渐摸索民主听证的全新管理形式，分别就生产、大修、技改等问题多次召开听证会，广泛采纳职工群众的意见和建议。民主听证在企业内部的相继开展，越来越显现出其新颖性与优越性。

（一）渠道畅通、问政于民

听证会召开前，有关部门先确定听证会的议题，然后就听证议题进行充分调查研究，广泛征求职工群众的意见；继而向职工群众公布举行听证会的时间、地点、议题内容和规则，听证会一般由职工代表、相关部门领导等人员参加。会议上相关部门的领导就听证议题向与会人员征求意见和建议，与会人员畅所欲言，发表自己的观点和见解。

（二）程序严格、双向听证

听证会上既有与会员工听取干部工作报告的内容，又有相关部门领导干部接受职工质询的环节。基本程序如下：一是尽量保证每个部门至少有一名职工代表到场；二是主要负责人向到会职工做有关工作情况的报告；三是职工代表提出质询，领导对部分问题做现场答复，如涉及职工利益的热点难点问题，相关部门再做进一步协商，最终提出解决措施。

（三）反馈及时、落实民意

相关部门领导认真梳理职工们的口头意见和书面提议，将其归纳汇总，最后形成会议纪要，报请领导审阅，进一步研究解决措施，并在一定时间内予以反馈和公示。

虽然国网陕州供电公司在努力推动公司职工民主管理工作健康发展方面做了一些工作，也取得了一点成绩，但还存在不少问题，在今后的工作中，要坚持落实依靠方针，深化民主管理内涵，坚持民主评议，规范提案管理，有效发挥职工代表作用，做好涉及职工切身利益和重大决策的民主议事和决策听证，不断拓宽民主管理领域，使职工参与度更加广泛、民主氛围更加浓厚、劳企关系更加和谐，努力开创工会工作新局面，推动企业民主管理工作又快又好发展。

以职代会质量评估推动企业民主管理

赵功勋　师　亚　徐　颖　虎政领

（国网鲁山县供电公司工会）

2019 年 2 月以来，鲁山县供电公司切实按照省、市有关文件精神及职工代表大会工作规范的有关要求，认真组织开展职代会质量评估工作，将方式程序和工作组织等四个方面作为职代会规范化建设的重点，予以全面推进和落实。

一、基本情况

（一）鲁山县供电公司职代会质量评估坚持四项基本原则

1. 依法评估的原则

国网鲁山县供电公司严格按照国家有关法律、法规和政策规定，以及《国家电网公司职工代表大会质量评估办法（试行）》和河南省电力公司《关于开展 2019 年职代会质量评估工作的通知》要求，对照《评估细则》对公司职代会质量认真组织实施评估。

2. 注重实效的原则

要求把保证职工依法直接行使民主权利，保障职工合法权益，促进企业民主管理的制度化、规范化建设，促进企业改革、发展和稳定作为职代会质量评估的重要内容。

3. 职工公认的原则

职代会质量评估要走群众路线，广泛听取职工代表和职工群众的意见，使质量评估的结果真正反映职工群众的意愿。

4. 即评即改的原则

职代会质量评估要体现促进职代会议题质量、程序规范、民主作风、会务安排等内容的改进和提高，与时俱进，根据新的情况和发展要求不断完善，切实保证职代会各项职权的落实。

（二）突出质量评估工作的重点内容

1. 评估职代会职权的落实情况

重点是评估法律规定职代会行使的对重大决策的审议建议权，对涉及职工切身利益问题的审议通过权，对生活福利问题的审议决定权，对公司领导干部的评议监督权和民主选举权等职权的落实情况。

2. 评估职代会制度的规范运作情况

重点是评估职代会的各项制度是否健全，运作是否规范，落实是否到位，职工是否满意；职代会审议通过的决议、决定事项的民主性、公开性和程序性，约束超越职代会职权的随意行为，体现法律赋予职工的民主管理权利。

3. 评估职代会决议、决定的执行情况

重点是评估经职代会按不同权限审议的方案或职代会形成的决议、决定付诸实施的情况；职代会表决通过的方案、制度是否贯彻实施以及相应的效力情况；对要求重新修订的相关决议、决定是否按规定的民主程序，经过充分协商并提请职代会重新审议。

4. 评估职代会闭会期间的工作落实情况

重点是评估与本届职代会相适应的职工代表巡视、平等协商议题征集、合理化建议的征集和办理，改革改制方案完善等情况。

5. 评估职工代表的产生和管理情况

重点是评估职工代表结构比例、产生程序及代表替补更换制度的建立；结合自身特点建立职工代表培训计划和考核办法情况；代表联系职工制度的建立和推行情况。

6. 自评得分和职工满意率

公司职工代表大会工作评估细则要求，每位职工代表填写"评估测评表"，自评分为 100 分，群众满意率 100%。

二、贯彻上级职代会暨工作会议精神的主要措施

鲁山县供电公司职代会质量评估工作一般一年进行一次，突出质量评估工

作的组织领导。纪委书记在职代会上传达学习省、市公司职代会精神，并要求各部门通过召开会议、组织集中学习等多种形式、及时、准确、全面地将会议精神传达到每位员工。公司职代会质量评估工作小组对发现的问题要积极督查落实，对职代会质量评估工作负有组织实施责任，要会同纪委、党办、行政办、组织人事部门具体落实职代会质量评估的各项工作，使职代会制度更好地协调劳动关系，营造深化改革、促进发展的和谐氛围，为企业发展和稳定服务。

三、 职代会质量评估工作的成效

在公司全面实施职代会质量评估制度阶段，公司质量评估工作小组进行职代会质量评估检查时，特别注重突出职代会质量评估的实效性，明确了检查评估的重点内容，即：涉及职工切身利益的重大事项是否经职代会表决，企业平等协商和集体合同工作是否落到实处，公司平等协商达成的协议在基层的执行情况，以及公司在落实职工最关心、最直接、最现实的利益问题上的思考和措施。检查评估采取的方式是听取公司领导专题汇报、职工代表座谈和填写"测评表"、查阅相关资料、检查评估小组当场作出评价并提出建议。此外，还注重通过职工代表的巡视检查制度来督促有关方案、建议的落实情况，极大地推动了职代会的运行质量。

一年来，鲁山县供电公司通过职代会质量评估工作的着力推进和全面实施，推动了企业民主管理工作的全面深化。职代会规范化建设与运行机制建设的实效性逐步显现出来，这主要反映在以下三个方面：

（一）促进职工是企业主人翁意识的进一步增强

通过职代会质量评估检查，将职工的主人翁作用视为企业最大的政治优势。企业能保持稳定良好的发展势头，是与职工奋力拼搏、职代会职工代表参事议事密不可分的。基于这种认识，鲁山县供电公司对中层以上干部加强了群众观念和民主作风的教育，落实了一系列依靠职工为企业的措施，并重视对职代会和企务公开工作的组织领导。

（二）促进民主管理和职代会制度的进一步健全

鲁山县供电公司根据《鲁山县供电公司职工代表大会标准》的要求结合

公司改革发展的实际，切实加强民主管理和职代会的相关制度建设，不仅对《职工代表大会实施细则》《企务公开和民主管理实施细则》《民主评议领导干部实施办法》《职工代表巡视检查制度》等制度作了修订，而且推出了《平等协商和集体合同实施办法》《构建和谐企业实施细则》《职工权益保障制度》等顺应企业发展进步的一系列新制度，从而使企业民主管理和职代会的制度体系得到了进一步完善。

（三）促进职工代表大会各项职权的进一步落实

现在企业的重大事项、重大决策和重大问题只有事先提交职代会审议、讨论和表决，贯彻实施起来才会比较顺利。因此，职工对职代会的职权都比较尊重。提交职代会审议、讨论和表决的内容范畴已越来越广泛，尤其是《企业改革改制方案》《集体合同履行情况报告》《职工教育培训计划》等涉及职工切身利益的文件、制度和规定都能主动提请职代会审议表决；对职代会在民主评议干部、组织代表巡视检查等活动中提出的各种意见和建议也给予了应有的重视。

四、存在的主要问题和整改措施

一年来，随着鲁山县供电公司全面推进实施职代会质量评估制度，职代会和企务公开等企业民主管理工作在公司各部门都得到了坚持和推进，但职工代表的能力和水平有待进一步提高。从总体上来说，现在职工代表参政议政的意识较强、热情较高，但他们参与企业重大事项决策的能力和水平确实亟待提高。因此需要进一步重视对职工代表的培训工作，不断提高培训的系统性、针对性和有效性，使他们通过培训不断增加"话语权"，在推进和谐企业建设中发挥更大的作用。

总之，职代会质量评估工作是职代会制度建设的基础性工作，鲁山县供电公司将努力提高职代会质量评估工作的水平，针对以前工作中发现的不足和问题，采取有效措施，改进评估的测评方法，并重视对测评数据的汇总分析和深度研究，使职代会质量评估活动在提高职代会运行质量，深化企业民主管理，进一步调动职工积极性方面发挥更大的作用。

班组民主管理创新与发展

张雪慧

（国网汝南县供电公司工会）

班组作为企业的细胞组织，是企业生产经营活动的最基层组织。抓好班组民主管理，是增强企业活力的源泉，是提高企业执行力、竞争力的可靠保证。班组工作是企业管理的基石，企业所有的管理目标、管理思想、企业发展战略最终都要落实到班组，落实到每一个员工身上，所以如何把班组民主管理建设好已成为电力企业面临的重要课题之一。在实践中不断探索班组建设的新途径、新办法，努力寻找班组民主和企业发展的结合点。笔者认为，可以从下面四点着手进行班组建设工作的探讨。

一、改变观念求"活"

（一）对班组要有一个全新的认识上的定位

以前的班组只是一个"生产队"，现在随着社会经济的飞速发展，企业赋予班组的各项职能越来越多。现在的班组既是"生产队"，也是"战斗队"。班组不仅仅是单纯地完成安全生产任务，还要敢于挑战自我，在管理上、经营上想办法挑重担。要赋予班组建设以新的内容和时代特征，促进其步入科学化的管理轨道。

（二）改变认识要处理好班组建设与企业管理之间的度

班组建设是一个系统工程，企业的管理者都能认识到班组建设的重要性，但是怎么管理怎么培育班组的成长却不好把握。只谈建设发奖金给物质，不在管理上思想上下工夫也是行不通的。

（三）"思路决定出路"，思想要活，要想开来

全面开展对班组在企业生产经营管理活动中位置的定位讨论，给出

班组建设工作的合理定位，找准一条适合企业班组发展的路显得尤为重要。

二、管理创新求"变"

（一）管理方法的创新

企业都有其自身的行业特点，对企业发展的要求也不同。时代在进步，国家的改革开放事业在不断深化，班组怎样开展好班组建设工作需要有管理方法上的创新。例如有的企业开展自主管理，激发班组长的使命感、责任感。

（二）管理机制的创新

首先是以开展劳动竞赛活动为载体，加强技术攻关和岗位练兵，造就合格的技术型职工，从而培训人锻炼人。其次是打造一个有利于班组长成长提升的平台。抓班组建设首先要抓好班组长队伍建设。班长既是参与生产的"兵"，又是带动一班人的"将"，是企业组织的兵头将尾，要让班组长在搞好自身班组建设的同时有奔头，有抱负。继续探索完善班组长的培养考核评价机制，使班组长能够在班组长岗位上顺利成长起来，为企业后备人才的培养寻找到一个重要的培养基地也是班组建设的重中之重。

（三）组织领导机构的创新

企业要建立全方位、立体化的组织领导体制。企业各级要成立由行政领导任组长的班组建设工作领导小组，建立党、政、工、团分工负责的班组建设管理机制。各级领导要统一认识、通力协作，从不同的侧面和角度共同为加强班组建设做扎实的工作。行政领导要把企业班组建设列入重要议事日程上来，将班组建设作为企业抓基础、抓管理、上等级、全面提升综合素质的重要工作来抓；党组织要充分发挥政治核心作用，对班组建设的重大问题听取汇报，进行研究，负责班组员工的思想政治工作和法制教育，支持行政对班组长的直接领导，支持班组长行使生产经营指挥权，切实抓好班组的组织建设、思想建设、作风建设和文化建设，发展优秀的班组长早日加入党组织；工会组织紧紧围绕生产经营中心，对职工进行工人阶级优良传统教育，加强工会小组建设，组织职工积极参与企业民主管理工作，开展劳动保护、劳动竞赛和各种健康有益的文体活动和先进的管理理念如"6S"管理活动进班组等；团组织负责对团员青年进行思想教育，组织团员、青年围绕班组安全生产经营中心工作，开展生产突击与合理化建议和QC活动，充分发挥青年突击队的作用。

三、工作扎实求"真"

求真说到底是一种觉悟、一种境界、一种品德、一种精神，是分析问题、研究问题、解决问题的有力武器。从大的方面讲，是科学判断新形势，准确把握规律，探求办法措施。具体到班组建设工作来说，首先是坚持把企业的发展、员工素质的提升当做班组建设的核心价值观来看待，并能客观地分析问题所在且扎扎实实做工作。其次是要务实的工作作风。向公司员工大力灌输说老实话、办老实事、做实在人的实干理念，同时在班组建设工作上能做到以实干求实绩，以实干求发展。不搞花架子，对于班组建设工作能从各部门、专业的工作实际出发，要求每个班组依据自身的特点来开展班组建设工作。你能做到的必须要做好，不能做到的可以讲原因来分析共同探讨，以求有条件了再进行。班组的评比、检查、督导都能实事求是地对待。好就是好，差就是差，主要是在实际中找到问题并用有效的实际行动来促进班组的建设。在实际工作中只有坚持以十九大精神为指引，切实做到求真务实、真抓实干，才能充分地做好班组建设工作，达到合理配置、科学管理、有效利用的目的，为企业的可持续发展、科学发展提供基础的保障。

四、素质提升求"效"

企业员工的职业素质和技术能力若普遍偏低，将成为制约企业快速发展与国内外企业同台竞技、一比高低的一大瓶颈问题。大力加强员工教育和培训，提高企业员工素质，将是功在当代，惠及长远的基础性工程。现代企业的发展离不开高素质的员工队伍，企业班组建设的重点之一就是利用班组这个平台来培养一个又一个高素质的人才。

（一）要抓好技能培训、素质培训特别是班组岗位应用的能力培训

现代企业的员工队伍在班组中成长，传、帮、带是企业一直在使用的有效培训模式。现在，这种方式有渐渐消亡的趋势，这种好的传统应进一步强调。在这种培训模式下员工是在一种和谐愉快的氛围中成长，对企业的真诚度和归属感的培养也能起到事半功倍的效果。

（二）要激发员工开展自我素质全面提升的学习培养

个别抱有吃"大锅饭"的陈旧思想，在工作上图舒服，在技能上安于现状，这些员工其本身知识水平及劳动技能都不太高，对岗位工艺流程、技术知识及一些基础理论知识不求甚解，总觉得只要岗位上的活能干就行，没必要学那么多，又不多拿钱，培训简直是多余的。对于这种情况班组长要及时发现及时想办法，不能等不能靠，要激发员工自我培养的意识。要鼓励班员争做对企业、对社会、对国家有用的人，要有使命感，危机感。

总的来说，加强班组建设是夯实企业基础管理的重要手段，是增强企业执行力、凝聚力和战斗力的重要途径，是创建本质安全型企业、打造本质安全型岗位、培育本质安全型员工的有效途径，是推进企业安全生产发展、持续发展的必然要求，更是企业努力成为一流电力企业的有力手段和工作重点。